ベクトル解析入門

小林 亮／高橋大輔 ――［著］

東京大学出版会

Introduction to Vector Analysis
Ryo KOBAYASHI and Daisuke TAKAHASHI
University of Tokyo Press, 2003
ISBN978-4-13-062911-9

はじめに

　ベクトル解析は，さまざまな現象を物理的に記述するときの基本言語である．言語というからには当然「使える」ものでなくてはならないわけであるが，ご存じのように新しい言語を「使える」レベルで修得するのは，なかなかに骨の折れる行為である．とはいえ，ひとたびベクトル解析を修得すれば，力学や電磁気学をはじめとするさまざまな分野で役に立つので，多大な労力をかけて学ぶに値するものであることだけは間違いない．少なくとも理学系と工学系の学生にとっては，程度の差こそあれ修得すべき科目と考えてよいだろう．

　ところで，多くの学生にとって「ベクトル解析を学ばねば！」と思い立つきっかけになるのは，電磁気学を学び始めたときではないだろうか．電磁気学の内容はまさしくベクトル解析という言語で記述されていて，いろいろな形の積分や微分の演算が次から次へと登場する．電磁気学は力学と並んで，物理学の基礎をなす分野であるために，多くの読者はまだ大学に入学したばかりの，かなり早い段階でこの科目を習うことになるが，この時点で「ベクトル解析ならまかせなさい！」といえる人はまず皆無であろう．さらに困ったことに，電気力線も磁力線も目に見えないので，もともと力学と比べて直観的なイメージを持ちにくい分野なのである．そのため，電磁気学は「習うほうにはわかりにくく，教えるほうは教えづらい」科目になりがちである．本書はこのような「迷える学生（教員）たち」の一助となるべく企画されたものである．では，この困難な状況をどうすれば乗り越えられるのか？

　よく考えてみれば，頭の中でイメージができないものを，なんだかよくわ

からない数学を使って学ぶというのは，かなり辛い状況であることは間違いない．せめて，イメージか数学か，どちらか一方はしっかりしていてほしいところである．そこで本書では思いきって，電磁気学からの話題をほとんど含めないことにした．そのかわりに，説明の直観的な部分はすべて「流体」のイメージを借りている．これは，だれしも水が流れているところや渦を巻いているところは見たことがあるはずで，具体的なイメージを持っていることが期待できるからである．本書では，読者がすでに持っているであろうこれら流体のイメージを使って，ベクトル解析を身につけてもらおうという方針をとっている．電磁気学を学ぶ前に（というのは理想で，現実には並行して，ということになるだろうが），本書ではまず「数学」のほうをしっかり身につけてもらおうという，いわば「急がば回れ」作戦である．

ベクトル解析で学ぶさまざまな概念は，一見すると読者にとって初めて出会うものばかりに見え，とまどうことも多いかもしれない．しかし，ベクトル解析には，上述のように流体などを通して，日々の生活の中で実感できる感覚を数学的に表現したものが多く含まれている．そういう意味では，ベクトル解析は直観的イメージを持ちやすい，「頭にやさしい」数学といえなくもない．そこで，ベクトル解析を学ぶ際に気をつけてほしいことは，ベクトル解析を単なる記号列の処理として，公式の暗記や計算練習のみに終始しないように，ということである．もちろん，そのような「手が覚える」的なところも重要な要素ではあるのだが，同時に自分がいま扱っているものの物理的イメージや幾何学的イメージを持つことを忘れないでほしいのである．くどいようだが，ベクトル解析は実学であって，それを学ぶのは利用するためである．実際の個々の場面でベクトル解析で学んだことが利用できるためには，

1. 使う概念に対し直観的イメージをもって理解していること
2. 具体的な計算を遂行する力があること

の両方が必要なのである．本書ではこれらの2つを身につけることを最終的な目標としている．

本書はベクトル解析を初めて学ぼうとする人を対象とした入門書であり，予

備知識としては，高校で習ったベクトルの知識と，大学1年レベルの微積分学（テイラー展開ができる程度）を仮定している．初学者向きに書かれてはいるが，もう一度ベクトル解析を頭の中で整理したいという人にも役に立つことだろう．本書では説明の合間に演習問題がおかれており，この演習問題を解きながら読み進んでいく構成になっている．演習問題を解くことが一番大事なトレーニングとなるので，できる限りとばさずに解いてもらいたい．

　これまで知らなかったことを理解する，という行為に基本的に楽な道はない．そのことはもちろん正しいが，同じ苦労をするにしても，やり方しだいで理解度に差がつくのもまた事実である．この本を読むことによって，読者が多少なりとも楽をしながら，「使える」レベルのベクトル解析を身につけてくれること，それがわれわれの最大の望みである．

2003年6月　小林 亮・高橋 大輔

目 次

はじめに .... *iii*

第 0 章　ベクトル解析へのいざない *1*
0.1　役に立つベクトル解析 *2*
0.2　本書の構成について *7*
0.3　微分 vs. 積分 *9*

第 1 章　内積と外積 *11*
1.1　ベクトルとスカラー *12*
1.2　内積 *15*
1.3　外積 *23*

第 2 章　座標と場 *35*
2.1　座標と場 *36*
2.2　極座標 *41*
2.3　空間の場と座標 *47*
2.4　微分の変換 *52*
2.5　ベクトル値関数 *55*
2.6　曲線の接線ベクトルと曲面の法線ベクトル *59*

第 3 章　線積分 *67*
3.1　積分の考え方 *68*

3.2	曲線の長さ	70
3.3	線積分	73

第4章　面積分　83

4.1	重積分	84
4.2	面積分	88
4.3	曲面上の面積分	95

第5章　体積分　107

5.1	立体の体積	108
5.2	体積分	113

第6章　場の微分演算（2次元）　117

6.1	勾配	118
6.2	発散	124
6.3	渦度	131
6.4	極座標	136
6.5	保存場と線積分	140

第7章　場の微分演算（3次元）　151

7.1	勾配	152
7.2	発散	154
7.3	回転	156
7.4	円柱座標・球座標	161
7.5	保存場と線積分	163

第8章　積分公式　169

8.1	微積分の基本公式	170
8.2	2次元空間における積分公式	171
8.3	3次元空間における積分公式	179

付録 189
   A　(1.1) 式と (1.2) 式の証明 189
   B　行列式の幾何学的意味 190
   C　テイラー展開と誤差 194

章末問題の解答 197

索引 205

第 0 章
ベクトル解析へのいざない

　ベクトル解析を学び始める前に，まずは読者のみなさんに，ベクトル解析がカッコよく活躍する姿を見てもらおうと思う．またその後で，この本の使用上の注意について述べよう．ともあれ，この章はあまり肩ひじ張らずに，サラリと読んでいただきたい．

0.1 役に立つベクトル解析

プロ野球の選手も，初めから野球がうまかったわけではない．子供のときにプロの華麗なプレーを見てあこがれたからこそ，後にプロになれたのだろう．それと同じで，ベクトル解析がどんなところで，また，どんなふうに活躍するのかを初めに見ておくことは，これからベクトル解析をマスターしようとする読者にとって悪いことではあるまい．もちろん，いまここでこれから紹介する内容を理解する必要はなく「へー，そんなもんかぁ」程度で流し読みしてもらって結構である．いずれ，それらの内容を無理なく理解してもらうための基礎をつくるのが，この本のねらいなのであるから．

さて，ベクトル解析は自然の物理的記述のもとになる言語であることから，当然のことながら本当にさまざまな分野で使用されている．ここではその中で，力学・流体力学・電磁気学から題材を採ることにしよう．

力学　力学は物体に働く力と物体の運動を記述する体系であり，物理学のもっとも基本的な分野の 1 つである．時刻 t における質点の位置を位置ベクトル $\boldsymbol{r}(t)$ で表すと，この質点の運動を記述することができる．これは第 2 章で出てくるベクトル値関数の典型例である．質点の速度は $\boldsymbol{v} = \dfrac{d\boldsymbol{r}}{dt}$ というベクトルで表すことができ，加速度は $\dfrac{d\boldsymbol{v}}{dt} = \dfrac{d^2\boldsymbol{r}}{dt^2}$ なので，おなじみのニュートンの運動の第 2 法則は，m を質点の質量，$\boldsymbol{f}$ を質点に働く力としたとき

$$m\frac{d\boldsymbol{v}}{dt} = \boldsymbol{f} \qquad \text{または} \qquad m\frac{d^2\boldsymbol{r}}{dt^2} = \boldsymbol{f} \tag{0.1}$$

と書くことができる．まあ，このようにベクトルを使ってスマートに書いたからといって，高校の物理からポンと高度な内容になったというわけではないのであるが，それでもいろいろとうれしいことはある．

まず，方程式を見ただけで，その主張するところがわかりやすいというのが 1 つのメリットである．実際 (0.1) 式を見れば「質量と加速度の積 = 力」

なのだということが一目瞭然だろう．力・速度・加速度はベクトル量であり，質量はスカラー量だが，太字と細字で書き分けることによってベクトル量とスカラー量が一目で区別できる．また，ベクトルで表記すると，座標ごとの方程式を別々に書く必要がないし，計算も一挙にまとめてできる場合が多いので，計算が効率的で見通しもよいというのも大きな利点である．例えば，(0.1) 式の右辺を中心力と仮定して $\boldsymbol{f} = c(\boldsymbol{r})\boldsymbol{r}$ とおいてみると，次のような計算ができる．

$$\frac{d}{dt}\left(\frac{1}{2}\boldsymbol{r} \times \frac{d\boldsymbol{r}}{dt}\right) = \frac{1}{2}\frac{d\boldsymbol{r}}{dt} \times \frac{d\boldsymbol{r}}{dt} + \frac{1}{2}\boldsymbol{r} \times \frac{d^2\boldsymbol{r}}{dt^2} = \frac{c(\boldsymbol{r})}{2m}\boldsymbol{r} \times \boldsymbol{r} = \boldsymbol{0}.$$

ここで × という演算が出てきているが，これは第 1 章で学ぶ外積（ベクトル積）というものである．実は，$\frac{1}{2}\boldsymbol{r} \times \frac{d\boldsymbol{r}}{dt}$ は面積速度を表しているので，「中心力のもとでは面積速度が一定」という結果をたった 1 行の計算で出せたことになる．恒星の周りを回る惑星にとって万有引力は中心力と考えていいので，なんと，われわれはいとも簡単にケプラーの第 2 法則を導いてしまったわけだ（図 0.1）．他にも同様に，運動量の保存則，角運動量の保存則，力学的エネルギーの保存則などが，演習問題程度の計算で簡単に導けてしまうのである．なんとも，すごい威力ではないだろうか！

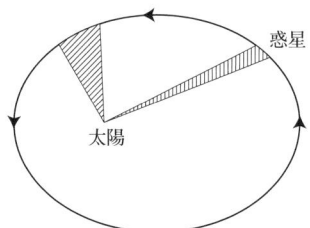

図 0.1 惑星が運動することによってできる斜線の部分の面積は時間とともに増加するが，その増加率を面積速度という．ティコ・ブラーエの観測結果から，ケプラーは面積速度が惑星ごとに一定になっていることを見いだした．これがケプラーの第 2 法則である．

0.1 役に立つベクトル解析

流体力学　流体とは，空気や水のように流れる物体の総称である．そうすると，われわれは産まれたときから（いや，その前から），流体に囲まれて暮らしていることになる．それゆえ，われわれは流体がどのようなふるまいをするかをある程度は経験的に知っているが，これを正確に記述するとなると，それほど簡単なことではない．流体力学とは，このような流体の運動を記述する体系である．流体力学では，空間をみたしている流体が流れている様子を「流速場」によって表現する．流速場とは空間の各点に対し，その点における流体の速度を対応させたもので，第2章で出てくる「ベクトル場」の典型例である．「はじめに」でも述べたように，本書ではいろいろな概念をこの流速場を用いて説明しているので，図0.2を見て雰囲気をつかんでおいてもらいたい．

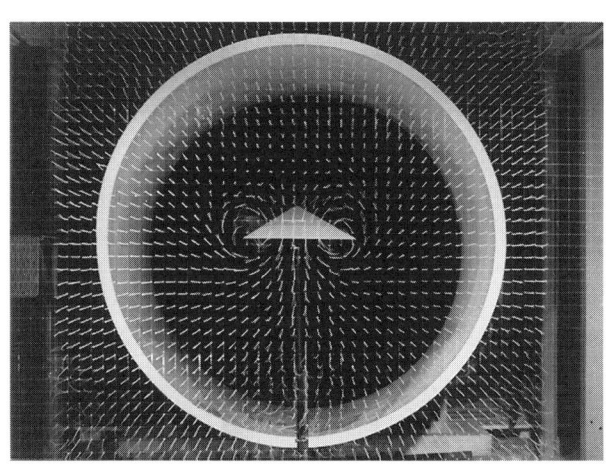

図 0.2　三角翼の後方に生じた流速場をタフトグリッド法で可視化したもの．ピアノ線で編んだ格子に毛糸を取り付け，それがなびく方向で流速場の方向を直接見ることができる（吉田勝彦氏のご厚意による）．

さて，流体も物体の一種であるからには，力学の基本法則に従って運動する．運動の様子は保存則の形で表され，それをもとにいくつかの基礎方程式が導き出される．ここでは，例として一番わかりやすい質量の保存則を考えてみよう．流体の密度場（これはスカラー場）を $\rho(\boldsymbol{r}, t)$，流速場を $\boldsymbol{v}(\boldsymbol{r}, t)$ と

おき，空間の中に固定された領域 V とその表面 S を考えると，次の式が成り立つ．

$$\frac{d}{dt}\int_V \rho dV = -\int_S \rho \boldsymbol{v} \cdot d\boldsymbol{S}. \tag{0.2}$$

この式は「質量というものは，突然降って湧いたり消え失せたりはしないので，領域 V の中の総質量の増減は V の表面 S からの出入り分に等しいですよ」という，至極もっともなことを書いたものである．この積分式が，第8章で出てくるガウスの発散定理を使うと，

$$\frac{\partial \rho}{\partial t} = -\nabla \cdot (\rho \boldsymbol{v}) \tag{0.3}$$

という微分方程式に手品のように化けるのである．これはガウスの発散定理の典型的な使用例であるが，流体力学に限らずおよそ偏微分方程式を使う人はみな，この定理には足を向けて寝られないというぐらいありがたい定理である．世界中の多くの研究者や技術者が，この定理のお世話になっていることを意識しないまま，今日も恩恵に浴していることだろう．まあそれぐらいに，いろいろなところで使われているのがガウスの発散定理なのである．

<u>電磁気学</u>　　われわれのライフスタイルは，いまや電気と磁気の利用なくしてはまったく成り立たないものになっている．電気の供給が1カ月間でも途絶えようものなら，日本の社会はいったいどうなってしまうのだろうか．200年くらい前までは，電気も磁気も使わずにつつがなく暮らしていけたことを思うと，進歩というものはまさしく脆弱さと表裏一体なのだと考えさせられる．

ともあれ，電磁気学はわれわれの生活に不可欠な電気と磁気をまとめてとりあつかう体系である．そこで電磁気学から，19世紀物理学の金字塔とでもいうべき方程式を取り上げてみよう．それはマクスウェル方程式と呼ばれ，アンペールやファラデーらの発見した電気・磁気の法則をマクスウェルが4つの式にまとめ上げた，いわば古典電磁気学のすべてのエキスの詰まった方程式である．電場と磁場はそれぞれベクトル場 $\boldsymbol{E}(\boldsymbol{r},t), \boldsymbol{B}(\boldsymbol{r},t)$ によって表現

され，それを用いるとマクスウェル方程式は以下のように書かれる．

$$\nabla \cdot \bm{E} = \frac{\rho}{\varepsilon_0}, \tag{0.4}$$

$$\nabla \times \bm{E} = -\frac{\partial \bm{B}}{\partial t}, \tag{0.5}$$

$$\nabla \cdot \bm{B} = 0, \tag{0.6}$$

$$c^2 \nabla \times \bm{B} = \frac{\bm{j}}{\varepsilon_0} + \frac{\partial \bm{E}}{\partial t}. \tag{0.7}$$

この方程式の中には，第 6 章と第 7 章で学ぶ微分演算である「発散」や「回転」がふんだんに出てきており，これ以上はないというくらいベクトル解析が使われている．もちろん，ここでマクスウェル方程式のくわしい解説をすることはできないが，この方程式から簡単に得られる大きな果実を紹介しよう．電荷 ρ と電流 $\bm{j}$ を 0 とおいたマクスウェル方程式を考える．すると，(0.4), (0.5), (0.7) 式とベクトル解析の公式を用いて

$$\frac{1}{c^2}\frac{\partial^2 \bm{E}}{\partial t^2} = \nabla \times \frac{\partial \bm{B}}{\partial t} = -\nabla \times (\nabla \times \bm{E}) = \nabla^2 \bm{E} - \nabla(\nabla \cdot \bm{E}) = \nabla^2 \bm{E}$$

が導かれる．この，たった 1 行の式変形で得られた方程式

$$\frac{\partial^2 \bm{E}}{\partial t^2} = c^2 \nabla^2 \bm{E} \tag{0.8}$$

は波動方程式と呼ばれ，その名の示す通り波動現象を記述する方程式である．

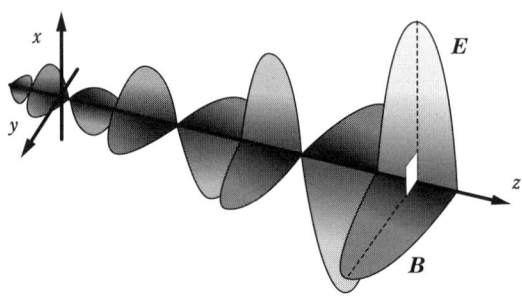

図 **0.3** 波動方程式の基本的な解として平面波解が得られる．この解は波の進行方向（z 軸方向）に垂直な平面内で，電場と磁場が相互を誘導しあいながら直交方向（x 軸方向と y 軸方向）に振動している波を表している．

マクスウェルはこの方程式の解として,真空中を光速 c で進む波「電磁波」の存在を予言した(図 0.3).そして実際,電磁波の存在はマクスウェルの死後の 1888 年にヘルツによって実験的に確認されたのである.細かいことはよくわからなくとも,マクスウェル方程式のすごさと,それを支えるベクトル解析のパワーを多少なりとも感じとってもらえただろうか.

0.2 本書の構成について

ここで,各章の内容について簡単に説明しておこう.第 1 章では,ベクト

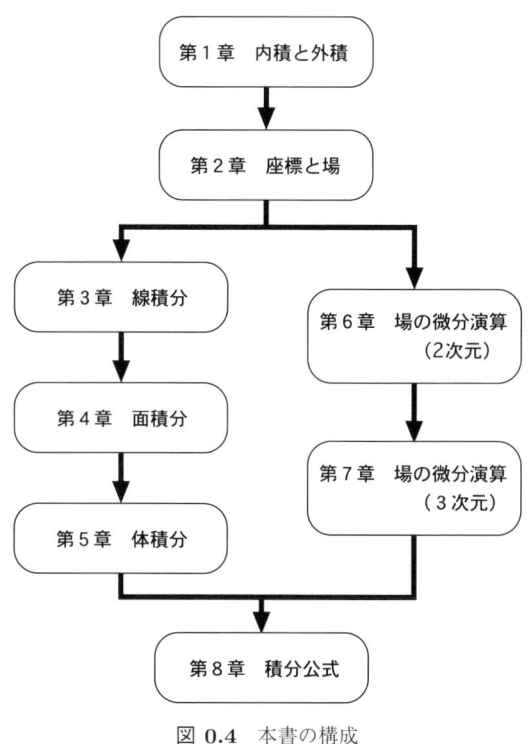

図 0.4 本書の構成

ルの定義と加法・スカラー倍という基本的な演算について復習し，内積と外積について解説する．第2章では，平面や空間に導入される座標系，および，スカラー場やベクトル場という重要な概念について学ぶ．ベクトル解析とは要するに，この「場」を記述するための言語であるといってもよい．さらに，ベクトル値関数についての解説がある．第3章から第5章までは各種の積分の解説にあてられる．第3章が線積分，第4章が面積分，第5章が体積分と，積分を実行する図形の次元が1ずつ増えていっている．第6章と第7章はスカラー場やベクトル場の微分演算について述べており，ここで読者は勾配・発散・回転（渦度）などの概念と出会うことになる．第8章では，ガウスの発散定理，グリーンの定理，ストークスの定理などの重要な積分公式について述べている．

　ここで，本書を読むにあたっての一応の道しるべを記しておいたほうがよいだろう（図0.4）．第1章と第2章は，ベクトル解析における基本的な概念と，それを記述するための道具を準備する章であるので，ここまではまず最初に読んでほしい．第3章から第5章までが積分，第6章から第7章までが微分であるが，これらは内容がある程度は独立しているので，並行して読んでもかまわない．ただし，第6章で簡単な線積分を使うので，第3章だけは先に読んでおいたほうがよいだろう．第8章は本書のゴールである．ここに出てくるすべての積分公式を自然に使いこなせるようになれば，本書の目標は十分以上に達成されたといえよう．この章の内容は第7章までのすべての知識を使うので，形式的には第7章までの内容をすべて学んでから，ということになるのであるが，実際には第8章の内容をチラチラと見ながら，前の章（とくに第6章と第7章）を勉強するほうが能率がよいかもしれない．教科書や参考書を読むときに，前から順にていねいに読んでいき，ある場所でつかえるとそこがわかるまで先に進めないタイプの人がたまにいるが，このようなやり方ではベクトル解析の習得はまずおぼつかない．つかえたら他のところを読んだりして，あちこちつまみ食いしているうちに，徐々に全容が浮かび上がってくるという読み方のほうを著者としてはお勧めしたい．

0.3 微分 vs. 積分

さて，本書ではゴールの第 8 章に行く前に，積分コースと微分コースを学ぶようになっているが，読者は微分と積分とどちらがやさしいと思われるだろうか．高校数学ではまず微分を学び，それからその逆演算として積分を習うので，（その記法もあいまってか）微分より積分のほうが難しいという印象を持っている人もいるかもしれない．しかし，積分とはつまるところ足し算であり，微分というのは割り算である．普通の人なら，足し算と割り算を比べれば，足し算のほうが直観的にわかりやすいというだろう．算数教育で「比」をわからせるのが 1 つの山場だという話を聞いたことがあるが，たしかに割り算のほうが脳の高次の部分を使っているのではないかという気がするのである．

このあたりの事情は，微積分の拡張であるベクトル解析でも同じことで，いろいろな種類があるにもかかわらず積分の概念そのものがわかりにくいということはほとんどないようである（計算は別だが）．それに対し，微分演算を理解するほうはなかなか手強いものがある．勾配は多少ましであるが，発散や回転（渦度）は微分を使って書かれた定義式を見ただけでは，初学者は何を意味しているのかさっぱりわからないというのが正直なところではないだろうか．そこで本書では，発散や回転（渦度）の導入に際しては，たんにこれらを式で定義して終わりというのではなく，直観的な意味がわかりやすいように微小領域の境界での積分を使って微分形の定義式を導くことにした．

このような，「積分」を通して「微分」の意味を探るというやり方は，ベクトル解析が用いられる分野ではごく自然なスタイルである．実際，流体力学や電磁気学などでも，法則の導出自体は積分形でやっておいて，あとで積分公式経由で方程式を変換し，微分形で法則を書き下すということが頻繁に行われる（流体力学の質量保存則の話のところで行ったのはまさしくこれである）．そのとき方程式としては微分形のほうがスマートで扱いやすいが，たいていは積分形のほうが法則の意味がはっきりと見えている．このように，微分

形と積分形にはそれぞれのよい面があり，その間を自由に行き来するためのパスポートが積分公式ということになる．微分形では意味がわかりにくかったことも，積分形で見れば一目でわかるということもある．このような事情で，微分コースを学ぶに際し第 8 章をチラチラ見ながら学んでいくことをお勧めしたしだいである．

第 **1** 章

内積と外積

さて，これから読者とともにベクトル解析というジャングルツアーに出かけるのであるが，その前に十分ウォーミングアップをしておかなくてはならない．ベクトルを微分したり積分したりする前に，まずはベクトルそのものの扱いを学んでおこう．何事も基礎が肝心！

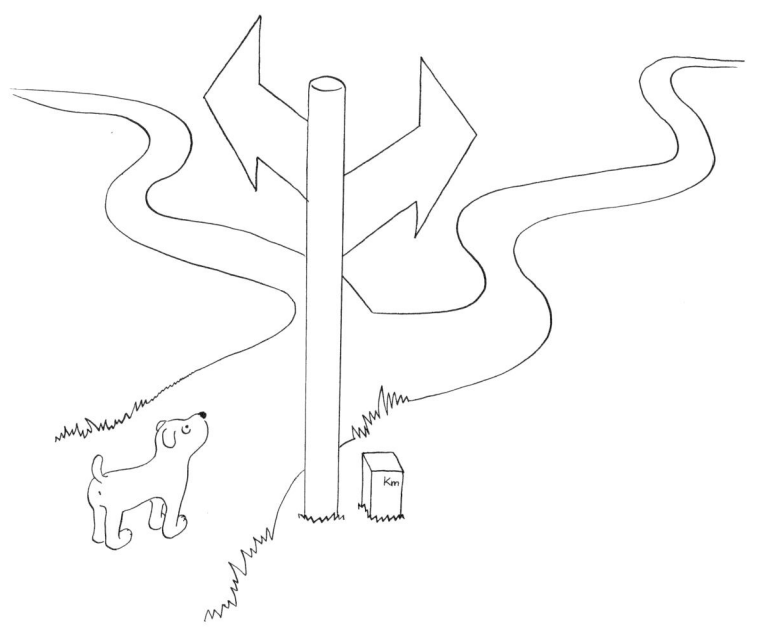

1.1 ベクトルとスカラー

ベクトルとスカラーとは　1つの実数で表される量は**スカラー**と呼ばれる．例えば，長さ・質量・温度などはスカラーである．それに対し，大きさと向きを持つ量を**ベクトル**という．力・変位・速度などがベクトルの例である．ベクトルは，矢印（有向線分）によって表現することができる．すなわち，長さがベクトルの大きさであり，向きがベクトルの方向を表しているような矢印によって表すのである．このとき，この矢印がどこにおかれているかは問題ではなく，平行移動によってぴったり重ねることのできる矢印は，すべて同じベクトルを表すと考える（図 1.1）．ここで，本書でのベクトルの表記法

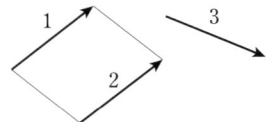

図 1.1　矢印 1 と矢印 2 は同じベクトルを表すが，矢印 3 は異なるベクトルを表す

について述べておこう．アルファベット 1 文字でベクトルを表す場合には，$\vec{a}$ のような → 付きの表現ではなく，太字のアルファベットを用いて $\boldsymbol{a}$ などと表す．なお，点 A を始点とし点 B を終点とする矢印によってベクトルが表されている場合，始点と終点を用いて $\overrightarrow{\mathrm{AB}}$ と書くこともある．また，ベクトル $\boldsymbol{a}$ の大きさは絶対値記号を用いて $|\boldsymbol{a}|$ と表す．本書では平面内の矢印によって表現されるベクトルと，3 次元空間内の矢印によって表現されるベクトルのみを扱う．以下では，前者を 2 次元ベクトル，後者を 3 次元ベクトルと呼ぶことにしよう．

　ベクトルを表す矢印の始点を原点に一致させ，そのときの終点の座標によってベクトルを表現することもできる．これをベクトルの成分表示といい，2 次元ベクトルの場合は $\boldsymbol{a} = (a_x, a_y)$，3 次元ベクトルの場合は $\boldsymbol{a} = (a_x, a_y, a_z)$ などというように表記する．

ベクトルの和とスカラー倍　2つのベクトル a と b が与えられたとき，これらの和 $a+b$ は次のように定義される．図 1.2 (a) のように，a の終点に b の始点を一致させたときに，a の始点から b の終点に至るベクトルを $a+b$ とするのである．もちろんこれは，図 1.2 (b) のように，a と b の始点を一

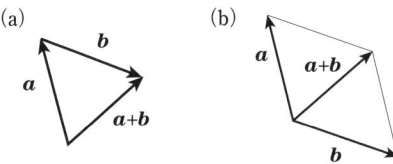

図 **1.2**　ベクトル a とベクトル b の和

致させたときに，a と b がつくる平行四辺形の対角線を $a+b$ とする定義と同じことである．このように2つのベクトルの和を定義すると，交換法則

$$a+b=b+a$$

が成り立つのは明らかである．また結合法則

$$(a+b)+c=a+(b+c)$$

が成り立つことも図 1.3 (a) からわかる．$(a+b)+c$ と $a+(b+c)$ は同じものなので，これを $a+b+c$ と書くことができる．これは結局のところ，a の終点に b の始点を持ってきて，さらに b の終点に c の始点をあわせたときに，a の始点から c の終点に至るベクトルである．もっとたくさんのベ

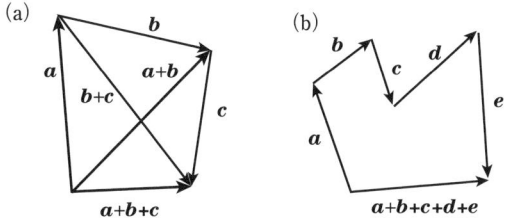

図 **1.3**　(a) 3つのベクトルの和，(b) 多数のベクトルの和

クトルの和も，図 1.3 (b) のように，ベクトルの終点に次のベクトルの始点をあわせて配置してから，1 つめのベクトルの始点から最後のベクトルの終点に至るベクトルとして求められる．

大きさが 0 であるような，すなわち対応する矢印の始点と終点が一致してしまうような，特別なベクトルを考えることもできる．このベクトルを**零ベクトル**と呼び $\boldsymbol{0}$ と書く．この零ベクトルは他のベクトルと違い，向きを持たない．さらにベクトルの和の定義より，任意のベクトル $\boldsymbol{a}$ に対し

$$\boldsymbol{a} + \boldsymbol{0} = \boldsymbol{a}$$

が成り立つ．2 次元の零ベクトルを成分表示すれば $\boldsymbol{0} = (0,0)$ であり，3 次元の零ベクトルを成分表示すれば $\boldsymbol{0} = (0,0,0)$ であることは明らかであろう．

m をスカラー，$\boldsymbol{a}$ をベクトルとするとき，ベクトルのスカラー倍 $m\boldsymbol{a}$ を次のように定義する．

(1) $m > 0$ のとき，$m\boldsymbol{a}$ は $\boldsymbol{a}$ と平行で同じ向きを持ち，その大きさが $m|\boldsymbol{a}|$ であるようなベクトルとする．
(2) $m = 0$ のとき，$m\boldsymbol{a}$ は零ベクトル $\boldsymbol{0}$ とする．
(3) $m < 0$ のとき，$m\boldsymbol{a}$ は $\boldsymbol{a}$ と平行で反対の向きを持ち，その大きさが $|m||\boldsymbol{a}|$ であるようなベクトルとする．

このように $m\boldsymbol{a}$ を定義すると以下の性質が成り立つ．

$$m(n\boldsymbol{a}) = (mn)\boldsymbol{a},$$
$$m(\boldsymbol{a} + \boldsymbol{b}) = m\boldsymbol{a} + m\boldsymbol{b},$$
$$(m + n)\boldsymbol{a} = m\boldsymbol{a} + n\boldsymbol{a}.$$

また，ベクトルどうしの和やベクトルのスカラー倍は，成分表示をすると次のようになる．

(1) 2次元ベクトルの場合

$$(a_x, a_y) + (b_x, b_y) = (a_x + b_x, a_y + b_y),$$
$$m(a_x, a_y) = (ma_x, mb_x).$$

(2) 3次元ベクトルの場合

$$(a_x, a_y, a_z) + (b_x, b_y, b_z) = (a_x + b_x, a_y + b_y, a_z + b_z),$$
$$m(a_x, a_y, a_z) = (ma_x, ma_y, ma_z).$$

1.2　内積

内積の定義　2次元ベクトル，3次元ベクトルいずれの場合にも，内積（スカラー積）は次のように定義される．ベクトル $\boldsymbol{a}$ とベクトル $\boldsymbol{b}$ の内積 $\boldsymbol{a}\cdot\boldsymbol{b}$ とは，

$$\boldsymbol{a}\cdot\boldsymbol{b} = |\boldsymbol{a}||\boldsymbol{b}|\cos\theta$$

によって定義されるスカラー量である．ただし，θ は2つのベクトルのなす角である（図 1.4）．また，ベクトルが成分表示されているときには，このスカラー量は次のように計算することができる．

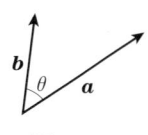

図 1.4

(1) 2次元ベクトルの場合：$\boldsymbol{a} = (a_x, a_y)$ と $\boldsymbol{b} = (b_x, b_y)$ に対し，

$$\boldsymbol{a}\cdot\boldsymbol{b} = a_x b_x + a_y b_y.$$

(2) 3次元ベクトルの場合：$\boldsymbol{a} = (a_x, a_y, a_z)$ と $\boldsymbol{b} = (b_x, b_y, b_z)$ に対し，

$$\boldsymbol{a}\cdot\boldsymbol{b} = a_x b_x + a_y b_y + a_z b_z.$$

また，ベクトルの大きさに関しては，

(1) 2次元ベクトルの場合：$\boldsymbol{a} = (a_x, a_y)$ に対し，
$$|\boldsymbol{a}| = \sqrt{a_x^2 + a_y^2}.$$

(2) 3次元ベクトルの場合：$\boldsymbol{a} = (a_x, a_y, a_z)$ に対し，
$$|\boldsymbol{a}| = \sqrt{a_x^2 + a_y^2 + a_z^2}$$

となる．

【問題 1.1】　(1) $\boldsymbol{a} = \boldsymbol{0} \iff |\boldsymbol{a}| = 0$ を示せ．

(2) $\boldsymbol{a} \neq \boldsymbol{0}, \boldsymbol{b} \neq \boldsymbol{0}$ のとき，$\boldsymbol{a}$ と $\boldsymbol{b}$ が直交 $\iff \boldsymbol{a} \cdot \boldsymbol{b} = 0$ を示せ．

【解】　略．

【問題 1.2】　次の2つのベクトルがなす角 θ（ただし，$0 \leq \theta \leq \pi$）を求めよ．
(1) $\boldsymbol{a} = (2, 1), \boldsymbol{b} = \left(-\dfrac{1}{2}, 1\right)$,　　(2) $\boldsymbol{a} = (0, 1), \boldsymbol{b} = (1, \sqrt{3})$,
(3) $\boldsymbol{a} = (-1, 0, 7), \boldsymbol{b} = (-4, 5, 3)$,　　(4) $\boldsymbol{a} = (-1, 1, 0), \boldsymbol{b} = (1, -2, 2)$.

【解】　$\cos\theta = \dfrac{\boldsymbol{a} \cdot \boldsymbol{b}}{|\boldsymbol{a}||\boldsymbol{b}|}$ を用いて，(1) $\theta = \dfrac{\pi}{2}$, (2) $\theta = \dfrac{\pi}{6}$, (3) $\theta = \dfrac{\pi}{3}$,
(4) $\theta = \dfrac{3}{4}\pi$.

【問題 1.3】　空間の4点 O$(0,0,0)$, A$(1,0,0)$, B$(0,1,0)$, C$(0,0,1)$ を考える．△ABC の重心を G とするとき，OG $\perp$ AG を示せ．

【解】　$\overrightarrow{\mathrm{OG}} = \left(\dfrac{1}{3}, \dfrac{1}{3}, \dfrac{1}{3}\right), \overrightarrow{\mathrm{AG}} = \overrightarrow{\mathrm{OG}} - \overrightarrow{\mathrm{OA}} = \left(-\dfrac{2}{3}, \dfrac{1}{3}, \dfrac{1}{3}\right)$ より，
$\overrightarrow{\mathrm{OG}} \cdot \overrightarrow{\mathrm{AG}} = 0$.

【問題 1.4】　$\boldsymbol{a} = (1, 2, 4), \boldsymbol{b} = (4, 3, 8)$ とするとき，$\boldsymbol{b} + \lambda\boldsymbol{a}$ と $\boldsymbol{a}$ が直交するようにスカラー λ を求めよ．

【解】　$\boldsymbol{a} \cdot (\boldsymbol{b} + \lambda\boldsymbol{a}) = 21\lambda + 42$ だから，$\lambda = -2$.

単位ベクトル　大きさが 1 であるようなベクトルのことを**単位ベクトル**と呼ぶ．さらに，1 つの成分だけが 1 で他の成分が 0 であるような単位ベクトルを**基本ベクトル**と呼び，次のように表現することにする．2 次元ベクトルを扱っているときは $e_x = (1,0), e_y = (0,1)$ と書き，3 次元ベクトルを扱っているときは $e_x = (1,0,0), e_y = (0,1,0), e_z = (0,0,1)$ と書く．

【問題 1.5】　2 次元ベクトル，3 次元ベクトルで，すべての成分が正であるような単位ベクトルの例をそれぞれ 3 個ずつあげよ．

【解】　例えば，2 次元ベクトルでは $\left(\dfrac{1}{\sqrt{2}}, \dfrac{1}{\sqrt{2}}\right), \left(\dfrac{1}{2}, \dfrac{\sqrt{3}}{2}\right), \left(\dfrac{3}{5}, \dfrac{4}{5}\right)$ など．3 次元ベクトルでは $\left(\dfrac{1}{\sqrt{3}}, \dfrac{1}{\sqrt{3}}, \dfrac{1}{\sqrt{3}}\right), \left(\dfrac{1}{2}, \dfrac{1}{2}, \dfrac{1}{\sqrt{2}}\right), \left(\dfrac{1}{3}, \dfrac{2}{3}, \dfrac{2}{3}\right)$ など．

【問題 1.6】　$\boldsymbol{a} \neq \boldsymbol{0}$ のとき，$\boldsymbol{a}$ と同じ向きを持つ単位ベクトル $\boldsymbol{e}$ を求めよ．

【解】　$\boldsymbol{e} = \dfrac{1}{|\boldsymbol{a}|}\boldsymbol{a}$.

【問題 1.7】　一直線上にない 3 点 O, A, B が与えられて，$\boldsymbol{a} = \overrightarrow{OA}, \boldsymbol{b} = \overrightarrow{OB}$ とするとき，$\angle AOB$ の 2 等分線の方向を与えるベクトル $\boldsymbol{v}$ を求めよ．

【解】　ひし形の対角線が角を 2 等分することを用いる．$\boldsymbol{a}$ と $\boldsymbol{b}$ の長さをそろえて（例えば単位ベクトルにする）足してやればよいので，$\boldsymbol{v} = \dfrac{\boldsymbol{a}}{|\boldsymbol{a}|} + \dfrac{\boldsymbol{b}}{|\boldsymbol{b}|}$（図 1.5 参照）．

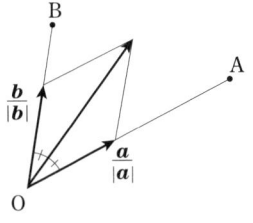

図 1.5　角の 2 等分

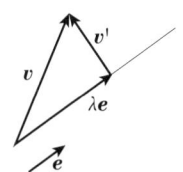

図 1.6　ベクトルの分解

【問題 1.8】　任意のベクトル $\boldsymbol{v}$ を，図 1.6 のように与えられた単位ベクト

ル e に平行なベクトル λe と e に垂直なベクトル v' の和に分解する．すなわち，

$$v = \lambda e + v'$$

と書いたとき，λ と v' を v と e で表せ．

【解】　$v = \lambda e + v'$ の両辺と e の内積をとる．$e \cdot e = 1$ と $v' \cdot e = 0$ より，$\lambda = v \cdot e$ であり，$v' = v - (v \cdot e)e$ である．

【問題 1.9】　$v = (1, 2, 3)$ を以下の a に平行なベクトルと垂直なベクトルの和で表せ．

(1) $a = (0, 1, 0)$,　　(2) $a = (1, 1, 0)$,　　(3) $a = (1, 1, 1)$.

【解】　(1) $v = 2(0, 1, 0) + (1, 0, 3)$,　　(2) $v = \dfrac{3}{2}(1, 1, 0) + \left(-\dfrac{1}{2}, \dfrac{1}{2}, 3\right)$,

(3) $v = 2(1, 1, 1) + (-1, 0, 1)$.

面積ベクトル　　図 1.7 のように，3 次元空間にある平面を考える．この平面に表と裏が指定されているとき，これを**有向平面**と呼ぶ．有向平面に垂直で裏から表の方向を向いた単位ベクトル n をこの有向平面の**単位法線ベクトル**という．

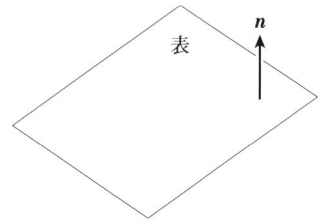

図 **1.7**　有向平面とその単位法線ベクトル

【問題 1.10】　次の有向平面の単位法線ベクトルを求めよ．

(1) xy 平面,表は z 軸正方向, (2) yz 平面,表は x 軸負方向.

【解】 (1) $\boldsymbol{e}_z$, (2) $-\boldsymbol{e}_x$.

平面 $ax + by + cz + d = 0$ を考えると,この平面の法線ベクトルとして (a, b, c) がとれる.この平面によって空間は 2 つの領域 $D^+ = \{(x, y, z);\ ax + by + cz + d > 0\}$ と $D^- = \{(x, y, z);\ ax + by + cz + d < 0\}$ に分割されるが,ベクトル (a, b, c) は D^+ のある側を指している.

【問題 1.11】 このことを示せ.

【解】 D^+ の点 $\mathrm{P}(x, y, z)$ と平面上の点 $\mathrm{P}_0(x_0, y_0, z_0)$ を任意にとると,$ax + by + cz + d > 0, ax_0 + by_0 + cz_0 + d = 0$ である.ゆえに,$a(x - x_0) + b(y - y_0) + c(z - z_0) > 0$ で,この式は $\boldsymbol{a} = (a, b, c)$, $\boldsymbol{p} = \overrightarrow{\mathrm{P}_0\mathrm{P}}$ とおくと $\boldsymbol{a} \cdot \boldsymbol{p} > 0$ と書ける.これは,$\boldsymbol{a}$ と $\boldsymbol{p}$ のなす角が鋭角であることを意味するので,図 1.8 よりわかるように $\boldsymbol{a}$ は D^+ 側を指している.

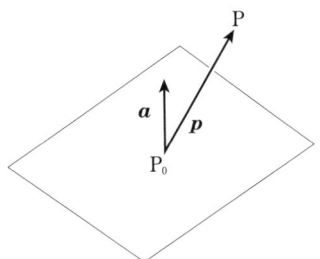

図 1.8 $\boldsymbol{a}$ と $\boldsymbol{p}$ の始点を P_0 にそろえたとき,2 つのベクトルの終点は平面に対して同じ側 (D^+) にある

この問題から,D^+ のある側を平面 $ax + by + cz + d = 0$ の表と定義すると,この有向平面の単位法線ベクトルは $\dfrac{1}{\sqrt{a^2 + b^2 + c^2}}(a, b, c)$ になる.逆に D^- のある側を平面 $ax + by + cz + d = 0$ の表とすると,この有向平面の単位法線ベクトルは $-\dfrac{1}{\sqrt{a^2 + b^2 + c^2}}(a, b, c)$ である.

次に，図 1.9 のように，有向平面上に乗っている，面積が S であるような図形を考える．このとき，$\boldsymbol{S} = S\boldsymbol{n}$ をこの図形の**面積ベクトル**という．すなわち，面積ベクトルとは空間内に浮かんでいる平面図形の**面積**と**向き**の情報を持った 3 次元ベクトルである．

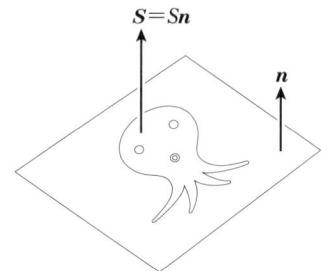

図 1.9 有向平面上の図形とその面積ベクトル $\boldsymbol{S}$

注意 1.1 面積ベクトルは平面図形の形や位置の情報は含まない．ゆえに，図 1.9 の絵がタコであろうがイカであろうが，また空間のどこに浮かんでいようが，同じ単位法線ベクトルを持ち面積が同じであれば同じ面積ベクトルを持つことになる．

【問題 1.12】
(1) xy 平面上にある 1 辺の長さが 3 の正方形の面積ベクトルを求めよ．ただし z 軸正方向を表とする．
(2) 平面 $x + y + z = 1$ の上にある半径が 1 の円の面積ベクトルを求めよ．ただし，点 $(1, 1, 1)$ のある側を表とする．

【解】
(1) $\boldsymbol{n} = \boldsymbol{e}_z$ で $\boldsymbol{S} = S\boldsymbol{n} = 9\boldsymbol{e}_z = (0, 0, 9)$.
(2) $D^+ = \{(x, y, z)\,;\, x + y + z - 1 > 0\}$ とおくと，点 $(1, 1, 1)$ は D^+ に含まれるので，$\boldsymbol{n} = \dfrac{1}{\sqrt{3}}(1, 1, 1)$ である．よって，$\boldsymbol{S} = S\boldsymbol{n} = \left(\dfrac{\pi}{\sqrt{3}}, \dfrac{\pi}{\sqrt{3}}, \dfrac{\pi}{\sqrt{3}}\right)$.

【問題 1.13】 隣りあう 2 辺の長さがそれぞれ 1 と 2 で，それらの間の角が $\frac{\pi}{3}$ であるような平行四辺形が，平面 $2x - y - 2z = 3$ の上に乗っている．この平行四辺形の面積ベクトルを求めよ．ただし，原点のある側を表とする．

【解】 平行四辺形の面積 $= 1 \times 2 \times \sin\frac{\pi}{3} = \sqrt{3}$ である．$D^- = \{(x, y, z);\ 2x - y - 2z - 3 < 0\}$ とおくと，原点は D^- に含まれるので，$\boldsymbol{n} = -\frac{1}{\sqrt{4+1+4}}(2, -1, -2) = \left(-\frac{2}{3}, \frac{1}{3}, \frac{2}{3}\right)$ で，$\boldsymbol{S} = \left(-\frac{2}{\sqrt{3}}, \frac{1}{\sqrt{3}}, \frac{2}{\sqrt{3}}\right)$．

柱体の符号付き体積 図 1.10 (a) はごく普通の円柱である．この図形は，底面の円盤をそれに垂直な方向に平行移動させてできた図形と考えられる．また移動の方向が底面に垂直でない場合には，図 1.10 (b) のように斜めになった円柱ができる．これらのように平面図形（底面と呼ぶ）を平行移動してできる図形を**柱体**と呼ぶ．

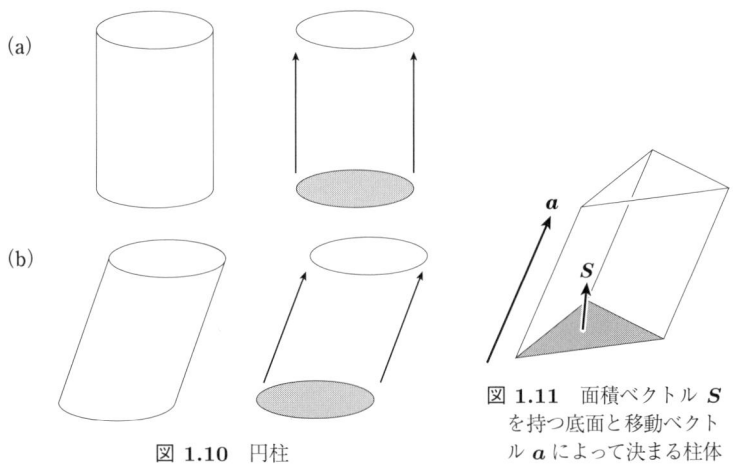

図 1.10 円柱

図 1.11 面積ベクトル $\boldsymbol{S}$ を持つ底面と移動ベクトル $\boldsymbol{a}$ によって決まる柱体

図 1.11 のように，面積ベクトル $\boldsymbol{S}$ を持つ図形を，ベクトル $\boldsymbol{a}$ だけ平行移動したときにできる柱体を考える．この柱体の体積 V を計算してみよう．まず，$V = Sh$（$=$ 底面積 $\times$ 高さ）である．$\boldsymbol{S}$ と $\boldsymbol{a}$ のなす角 θ が鋭角 $\left(0 \leq \theta \leq \frac{\pi}{2}\right)$

とすると，$h = |\boldsymbol{a}|\cos\theta$ であり，$V = |\boldsymbol{S}||\boldsymbol{a}|\cos\theta = \boldsymbol{S}\cdot\boldsymbol{a}$ となる．θ が鈍角 $\left(\dfrac{\pi}{2} \leq \theta \leq \pi\right)$ とすると，$h = -|\boldsymbol{a}|\cos\theta$ であり，$V = -|\boldsymbol{S}||\boldsymbol{a}|\cos\theta = -\boldsymbol{S}\cdot\boldsymbol{a}$ となる．まとめると，$V = |\boldsymbol{S}\cdot\boldsymbol{a}|$ である．ここで，絶対値をとる前の $\boldsymbol{S}\cdot\boldsymbol{a}$ をこの柱体の **符号付き体積** と呼ぼう．$\boldsymbol{S}\cdot\boldsymbol{a} > 0$ なら，$\boldsymbol{a}$ は底面の裏から表に，$\boldsymbol{S}\cdot\boldsymbol{a} < 0$ なら，$\boldsymbol{a}$ は表から裏に向かっている．

注意 1.2 柱体の符号付き体積が決まるためには，たんに図形としての柱体が与えられるだけではだめで，底面の表裏と移動の方向が決まっていなくてはならない．

【問題 1.14】 xy 平面（z 軸正方向が表）の上に 1 辺の長さが 1 である正三角形がある．これを $\boldsymbol{a} = (1, 0, -3)$ だけ平行移動してできる柱体の符号付き体積を求めよ．

【解】 $S = \dfrac{\sqrt{3}}{4}$，$\boldsymbol{S} = \dfrac{\sqrt{3}}{4}\boldsymbol{e}_z$ であるから，$\boldsymbol{S}\cdot\boldsymbol{a} = -\dfrac{3\sqrt{3}}{4}$．

【問題 1.15】 空間全体が水でみたされていると考えよう．

(1) yz 平面上で 1 辺の長さが 1 である正方形を考える．ただし，x 軸正方向を表とする．水全体が $(1, 1, 0)$ だけ平行移動したとき，この正方形を通過した水の体積と，どちら向きに通過したか（表から裏か，裏から表か）を求めよ．

(2) 平面 $x - y - 2z = 0$ の上に 2 辺の長さが 2 と 3 である長方形がある．ただし，点 $(1, 0, 0)$ のある側を表とする．水全体が $(1, 0, 1)$ だけ平行移動したとき，この正方形を通過した水の体積と，どちら向きに通過したかを求めよ．

(3) 平面 $x + y + z = 4$ の上に半径 1 の円がある．ただし，原点のある側を表とする．水が流速 $(0, -1, 0)$ で流れているとする．このとき，単位時間内にこの円を通過する水の体積はどれだけか．また，どちら向きに通過したか．

【解】 空間中の平面図形を通過した水の体積は，平面図形を底辺としそれを

水の移動と同じだけ平行移動してできる柱体の符号付き体積で表せる．ただし，符号が正のとき裏から表に通過したことになる．底面の面積ベクトルを S，水の移動を表すベクトルを a とする．

(1) $S = e_x$ より $S \cdot a = 1$．よって，通過した水の体積は 1 で，裏から表に向かって移動した．

(2) $n = \dfrac{1}{\sqrt{6}}(1, -1, -2)$ で $S = 6$ だから，$S = \sqrt{6}(1, -1, -2)$．$S \cdot a = -\sqrt{6}$ であるから，通過した水の体積は $\sqrt{6}$ で，表から裏に向かって移動した．

(3) $n = \left(-\dfrac{1}{\sqrt{3}}, -\dfrac{1}{\sqrt{3}}, -\dfrac{1}{\sqrt{3}}\right)$ で $S = \pi$ だから $S = \left(-\dfrac{\pi}{\sqrt{3}}, -\dfrac{\pi}{\sqrt{3}}, -\dfrac{\pi}{\sqrt{3}}\right)$．$S \cdot a = \dfrac{\pi}{\sqrt{3}}$ であるから，単位時間に通過する水の体積は $\dfrac{\pi}{\sqrt{3}}$ で，裏から表に通過した．

1.3　外積

<u>外積の定義</u>　ここまでの内容は高校の数学の応用問題のようなものであったが，いよいよ新しい内容である**外積**に入ろう．われわれはすでに内積（スカラー積）を知っているが，内積は 2 つの 2 次元ベクトルどうしまたは 3 次元ベクトルどうしの演算であって，その結果はスカラー量であった．それに対し外積は，2 つの **3 次元ベクトル**の間の演算であり，演算の結果も **3 次元ベクトル**である．それは次のように**平行四辺形の面積ベクトル**として定義される．まず図 1.12 (a) のように，2 つのベクトル a と b を 2 辺とするような平行四辺形を考える．その面積ベクトルを a と b の外積（ベクトル積）と呼び $a \times b$ と書く．もちろん，面積ベクトルを決定するためには平行四辺形の表裏を与えなければならないが，それは次のようにする．まず，図 1.12 (b) のように a と b を含む平面を考え，この平面に垂直にネジ（普通の右ネジ）

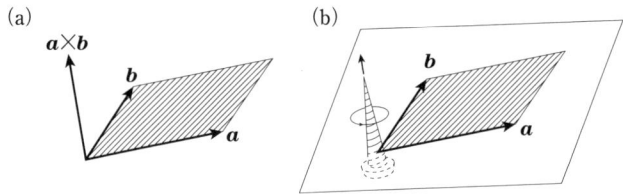

図 1.12 外積 $a \times b$ の決め方. $a \times b$ は a, b を含む平面に直交している.

をねじこむところを想像する．ただし，ネジを回す向きが a を回転して b に重ねるときの向きになるようにねじこむ．この向きに回すときにネジが進む方向を表の方向，すなわち $a \times b$ の向きとする．

注意 1.3 a を b に重ねるのに，反対向きに回しても重ねられるゾ，という人もいるかもしれないが，回す方向はより小さい角度（すなわち 180 度未満）の回転で重ねることのできる向きを採用すると約束するのである．a と b のなす角がちょうど 0 度や 180 度のときはどうするか？そのときは平行四辺形はつぶれてしまい面積は 0 となるので，$a \times b = 0$ となりどちらでもよろしい．

【問題 1.16】 (i, j)（ただし，i, j は x, y, z のいずれか）の 9 通りの組合せについて $e_i \times e_j$ を求めよ．

【解】 $e_x \times e_x = e_y \times e_y = e_z \times e_z = 0$, $e_y \times e_z = -e_z \times e_y = e_x$, $e_z \times e_x = -e_x \times e_z = e_y$, $e_x \times e_y = -e_y \times e_x = e_z$.

【問題 1.17】 次の性質を示せ．
 (1) $b \times a = -a \times b$,
 (2) $a \neq 0, b \neq 0$ であるとき，$a \times b = 0 \iff a // b$,
 (3) $a \cdot (a \times b) = 0$, $b \cdot (a \times b) = 0$,
 (4) $|a \times b| = |a||b||\sin\theta|$ （ただし，θ は a と b のなす角）．

【解】 これらはすべて外積の定義から容易に証明できる．

ここで，内積と外積の比較を表にまとめておこう．

内積 $\boldsymbol{a}\cdot\boldsymbol{b}$	外積 $\boldsymbol{a}\times\boldsymbol{b}$
$\boldsymbol{a}, \boldsymbol{b}$ はともに 2 次元ベクトルかともに 3 次元ベクトル	$\boldsymbol{a}, \boldsymbol{b}$ ともに 3 次元ベクトル
演算結果はスカラー	演算結果は 3 次元ベクトル
$\boldsymbol{b}\cdot\boldsymbol{a}=\boldsymbol{a}\cdot\boldsymbol{b}$	$\boldsymbol{b}\times\boldsymbol{a}=-\boldsymbol{a}\times\boldsymbol{b}$
$\boldsymbol{a}\cdot\boldsymbol{a}=|\boldsymbol{a}|^2$	$\boldsymbol{a}\times\boldsymbol{a}=\boldsymbol{0}$
$\boldsymbol{a}\neq\boldsymbol{0}, \boldsymbol{b}\neq\boldsymbol{0}$ のとき $\boldsymbol{a}\cdot\boldsymbol{b}=0 \iff \boldsymbol{a}\perp\boldsymbol{b}$	$\boldsymbol{a}\neq\boldsymbol{0}, \boldsymbol{b}\neq\boldsymbol{0}$ のとき $\boldsymbol{a}\times\boldsymbol{b}=\boldsymbol{0} \iff \boldsymbol{a}//\boldsymbol{b}$
$(\lambda\boldsymbol{a})\cdot\boldsymbol{b}=\boldsymbol{a}\cdot(\lambda\boldsymbol{b})=\lambda(\boldsymbol{a}\cdot\boldsymbol{b})$	$(\lambda\boldsymbol{a})\times\boldsymbol{b}=\boldsymbol{a}\times(\lambda\boldsymbol{b})=\lambda(\boldsymbol{a}\times\boldsymbol{b})$
$\boldsymbol{a}\cdot(\boldsymbol{b}+\boldsymbol{c})=\boldsymbol{a}\cdot\boldsymbol{b}+\boldsymbol{a}\cdot\boldsymbol{c}$	$\boldsymbol{a}\times(\boldsymbol{b}+\boldsymbol{c})=\boldsymbol{a}\times\boldsymbol{b}+\boldsymbol{a}\times\boldsymbol{c}$

注意 1.4 これらの性質の中で読者にとって自明でないのは外積に関する公式

$$(\lambda\boldsymbol{a})\times\boldsymbol{b}=\boldsymbol{a}\times(\lambda\boldsymbol{b})=\lambda(\boldsymbol{a}\times\boldsymbol{b}), \tag{1.1}$$

$$\boldsymbol{a}\times(\boldsymbol{b}+\boldsymbol{c})=\boldsymbol{a}\times\boldsymbol{b}+\boldsymbol{a}\times\boldsymbol{c} \tag{1.2}$$

であろう．これらの証明はすこし煩雑であるので付録で与えておく．

さて，外積を幾何学的に定義したが，$\boldsymbol{a}=(a_x,a_y,a_z), \boldsymbol{b}=(b_x,b_y,b_z)$ というようにベクトルが成分で与えられたとき，$\boldsymbol{a}\times\boldsymbol{b}$ を計算してみよう．

$$\boldsymbol{a}\times\boldsymbol{b}=(a_x\boldsymbol{e}_x+a_y\boldsymbol{e}_y+a_z\boldsymbol{e}_z)\times(b_x\boldsymbol{e}_x+b_y\boldsymbol{e}_y+b_z\boldsymbol{e}_z).$$

ここで，$\boldsymbol{e}_x\times\boldsymbol{e}_x=\boldsymbol{0}, \boldsymbol{e}_x\times\boldsymbol{e}_y=\boldsymbol{e}_z$ などを用いると，

$$\boldsymbol{a}\times\boldsymbol{b}=(a_xb_y-a_yb_x)\boldsymbol{e}_z+(a_zb_x-a_xb_z)\boldsymbol{e}_y+(a_yb_z-a_zb_y)\boldsymbol{e}_x$$
$$=\begin{vmatrix} a_y & a_z \\ b_y & b_z \end{vmatrix}\boldsymbol{e}_x+\begin{vmatrix} a_z & a_x \\ b_z & b_x \end{vmatrix}\boldsymbol{e}_y+\begin{vmatrix} a_x & a_y \\ b_x & b_y \end{vmatrix}\boldsymbol{e}_z.$$

ただし，$\begin{vmatrix} p & q \\ r & s \end{vmatrix}=ps-qr$ である．さらに，これは形式的に

$$\bm{a}\times\bm{b} = \begin{vmatrix} \bm{e}_x & \bm{e}_y & \bm{e}_z \\ a_x & a_y & a_z \\ b_x & b_y & b_z \end{vmatrix}$$

と書くことができる．この形がもっとも覚えやすいだろう．

注意 1.5 まだ行列式の展開のしかたを知らない人は，$\begin{vmatrix} \bm{e}_x & \bm{e}_y & \bm{e}_z \\ a_x & a_y & a_z \\ b_x & b_y & b_z \end{vmatrix}$ が

$$\begin{vmatrix} a_y & a_z \\ b_y & b_z \end{vmatrix}\bm{e}_x + \begin{vmatrix} a_z & a_x \\ b_z & b_x \end{vmatrix}\bm{e}_y + \begin{vmatrix} a_x & a_y \\ b_x & b_y \end{vmatrix}\bm{e}_z$$

によって定義されると思っておけばよい．

例として $\bm{a} = (2, 1, 0)$, $\bm{b} = (1, 1, 1)$ に対し，$\bm{a}\times\bm{b}$ を求めてみよう．まず，$\bm{a}\times\bm{b} = \begin{vmatrix} \bm{e}_x & \bm{e}_y & \bm{e}_z \\ 2 & 1 & 0 \\ 1 & 1 & 1 \end{vmatrix}$ と，なにはともあれ書いてみる．それからおもむろに展開していこう．

$$\bm{a}\times\bm{b} = \begin{vmatrix} 1 & 0 \\ 1 & 1 \end{vmatrix}\bm{e}_x + \begin{vmatrix} 0 & 2 \\ 1 & 1 \end{vmatrix}\bm{e}_y + \begin{vmatrix} 2 & 1 \\ 1 & 1 \end{vmatrix}\bm{e}_z$$
$$= 1\bm{e}_x + (-2)\bm{e}_y + 1\bm{e}_z = (1, -2, 1)$$

となる．計算したままでは不安なので，次の問題でチェックしてみよう．

【問題 1.18】 上の例の $\bm{a}, \bm{b}$ について，
(1) $\bm{a}\cdot(\bm{a}\times\bm{b}) = 0$, $\bm{b}\cdot(\bm{a}\times\bm{b}) = 0$ を確かめよ．
(2) $\bm{b}\times\bm{a}$ を計算し，$\bm{b}\times\bm{a} = -\bm{a}\times\bm{b}$ が成立していることを確かめよ．

【解】 略．

【問題 1.19】 次の $\bm{a}, \bm{b}$ について，$\bm{a}\times\bm{b}$ を求めよ．さらにチェックとして $\bm{a}\times\bm{b}$ が $\bm{a}, \bm{b}$ に直交していることを確かめよ．

(1) $\boldsymbol{a} = (2, -3, 2)$, $\boldsymbol{b} = (-1, 0, 1)$,　(2) $\boldsymbol{a} = (-3, 2, 1)$, $\boldsymbol{b} = (1, 2, -1)$,
(3) $\boldsymbol{a} = (1, 1, -2)$, $\boldsymbol{b} = (-2, -2, 4)$,　(4) $\boldsymbol{a} = (-1, -1, 3)$, $\boldsymbol{b} = (0, 2, 0)$.

【解】　(1) $\boldsymbol{a} \times \boldsymbol{b} = (-3, -4, -3)$,　(2) $\boldsymbol{a} \times \boldsymbol{b} = (-4, -2, -8)$,
(3) $\boldsymbol{a} \times \boldsymbol{b} = \boldsymbol{0}$,　(4) $\boldsymbol{a} \times \boldsymbol{b} = (-6, 0, -2)$.　チェックは略.

【問題 1.20】　次の $\boldsymbol{a}$ と $\boldsymbol{b}$ を 2 辺とする平行四辺形の面積 S を求めよ.
(1) $\boldsymbol{a} = (1, 0, 1)$, $\boldsymbol{b} = (-2, 1, 2)$,　(2) $\boldsymbol{a} = (2, 1, 1)$, $\boldsymbol{b} = (-1, 0, 4)$.

【解】　面積 S は $|\boldsymbol{a} \times \boldsymbol{b}|$ で与えられる. (1) $\boldsymbol{a} \times \boldsymbol{b} = (-1, -4, 1)$ より $S = 3\sqrt{2}$, (2) $\boldsymbol{a} \times \boldsymbol{b} = (4, -9, 1)$ より $S = 7\sqrt{2}$.

2 次元空間上の平行四辺形の符号付き面積　図 1.13 のように, 2 つの 2 次元ベクトル $\boldsymbol{a} = (a_x, a_y)$, $\boldsymbol{b} = (b_x, b_y)$ がつくる平行四辺形を考える. 外積を使ってこの平行四辺形の面積を求めてみよう. 外積は 3 次元ベクトルに対してのみ使えるので, 考えている 2 次元ベクトルを含む平面を 3 次元空間に埋め込んでみる. すなわち, 図 1.14 のように, 2 次元ベクトルの乗っている平面を xyz 空間の中の xy 平面と考えるのである. すると, 2 次元ベクトル $\boldsymbol{a} = (a_x, a_y)$ は 3 次元ベクトル $\boldsymbol{a}' = (a_x, a_y, 0)$ と見なすことができる.

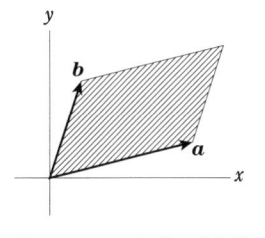

図 1.13　$\boldsymbol{a}$, $\boldsymbol{b}$ がつくる平行四辺形

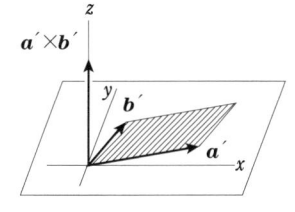

図 1.14　平面の空間への埋め込み

【問題 1.21】　2 次元ベクトル $\boldsymbol{a} = (a_x, a_y)$ と $\boldsymbol{b} = (b_x, b_y)$ を 3 次元ベクトルと見なしたものを $\boldsymbol{a}'$, $\boldsymbol{b}'$ とするとき, $\boldsymbol{a}' \times \boldsymbol{b}'$ を求めよ.

【解】　$\boldsymbol{a}' = (a_x, a_y, 0)$, $\boldsymbol{b}' = (b_x, b_y, 0)$ だから $\boldsymbol{a}' \times \boldsymbol{b}' = (a_x b_y - a_y b_x)\boldsymbol{e}_z$.

a と b を 2 辺とする平行四辺形の面積は, a' と b' を 2 辺とする平行四辺形の面積に等しい. 上の問題から, この平行四辺形の面積は $|a' \times b'| = |a_x b_y - a_y b_x|$ である. ここでこの面積の式から絶対値をとりさった $a_x b_y - a_y b_x$ を 2 つの 2 次元ベクトル a と b のつくる平行四辺形の**符号付き面積**と呼ぶことにし, $[a\ b]$ と書くことにする. すなわち,

$$[a\ b] = a_x b_y - a_y b_x = \begin{vmatrix} a_x & a_y \\ b_x & b_y \end{vmatrix}.$$

この定義から, a と b がつくる平行四辺形の面積は符号付き面積 $[a\ b]$ の絶対値であるが, $[a\ b]$ の符号がどのように決まるかを考えてみよう. $a' \times b' = [a\ b] e_z$ であるから, $[a\ b] > 0$ とは $a' \times b'$ が z 軸の正方向を向くことに他ならない. それゆえ, 外積の定義に立ち返って考えてみると次のことがわかる. すなわち, a を回転して b に重ねるときに, $[a\ b]$ はその回転の向きが反時計回りのとき正, 時計回りのとき負となる. ただし, 回転する際に少ない回転角度のほうをとるのは外積の定義で説明した通りである (図 1.15).

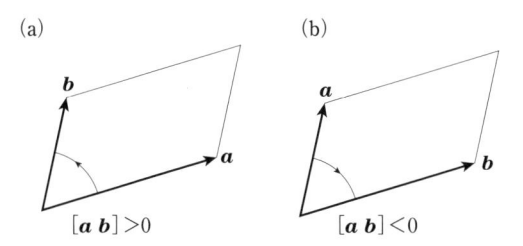

図 **1.15** a, b のつくる平行四辺形の符号付き面積

【**問題 1.22**】 次の 2 つのベクトル a と b がつくる平行四辺形の絵を描き, 符号付き面積 $[a\ b]$ を求めよ.

(1) $a = (1, 0), b = (0, 1),$ (2) $a = (0, -1), b = (-1, 0),$
(3) $a = (3, 1), b = (-1, 2),$ (4) $a = (-1, 1), b = (1, 2).$

【**解**】 図は略. (1) $[a\ b] = 1,$ (2) $[a\ b] = -1,$ (3) $[a\ b] = 7,$
(4) $[a\ b] = -3.$

2つの2次元ベクトル a と b が1次従属であるとき,一方が他方のスカラー倍で書かれる.そのときには2つのベクトルは平行であり,当然 a と b がつくる平行四辺形はつぶれてしまい,$[a\,b] = 0$ となる.また,その逆も正しい.ゆえに,符号付き面積 $[a\,b]$ は2つのベクトル a と b の1次独立性の判定に使うことができる.すなわち,

$$[a\,b] \neq 0 \iff a, b \text{ が 1 次独立},$$
$$[a\,b] = 0 \iff a, b \text{ が 1 次従属}.$$

【問題 1.23】 次の2つのベクトル a と b が1次独立であるかどうかを $[a\,b]$ を用いて判定せよ.

(1) $a = (1, 2), b = (-2, 1)$,　　(2) $a = (-1, 2), b = (3, -6)$,

(3) $a = (2, 3), b = (3, 4)$,　　(4) $a = (0, 1), b = (0, -2)$.

【解】　(1) $[a\,b] = 5$ だから1次独立,(2) $[a\,b] = 0$ だから1次従属,

(3) $[a\,b] = -1$ だから1次独立,(4) $[a\,b] = 0$ だから1次従属.

平行六面体の符号付き体積　　図 1.16 のような,a, b, c を3辺とする平行六面体を考える.まず,$b \times c$ は b と c がつくる平行四辺形の面積ベクトルであることを思いだそう.平行六面体は,この平行四辺形を a だけ平行移動してできる柱体であると見なせるので,この柱体の符号付き体積を考えることができる.この符号付き体積を $[a\,b\,c]$ と書くことにすると,

$$[a\,b\,c] = a \cdot (b \times c)$$

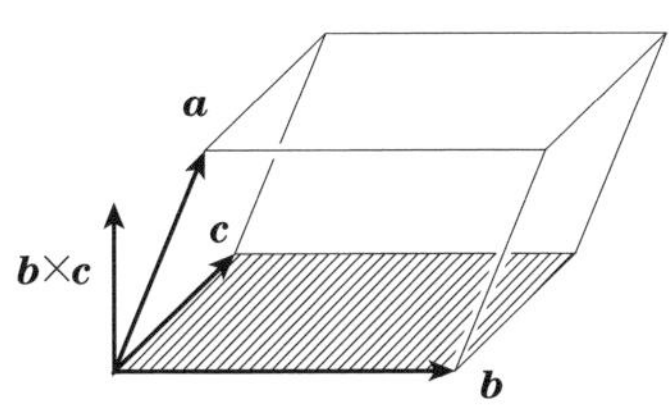

図 1.16　3つのベクトル a, b, c のつくる平行六面体

である．もちろん，定義から $[\boldsymbol{a}\,\boldsymbol{b}\,\boldsymbol{c}]$ の絶対値は平行六面体の（符号なし）体積である．

【問題 1.24】 $[\boldsymbol{e}_x\,\boldsymbol{e}_y\,\boldsymbol{e}_z]$, $[\boldsymbol{e}_y\,\boldsymbol{e}_x\,\boldsymbol{e}_z]$ を求めよ．

【解】 $[\boldsymbol{e}_x\,\boldsymbol{e}_y\,\boldsymbol{e}_z] = 1$, $[\boldsymbol{e}_y\,\boldsymbol{e}_x\,\boldsymbol{e}_z] = -1$.

【問題 1.25】 $[\boldsymbol{a}\,\boldsymbol{b}\,\boldsymbol{c}] = [\boldsymbol{b}\,\boldsymbol{c}\,\boldsymbol{a}] = [\boldsymbol{c}\,\boldsymbol{a}\,\boldsymbol{b}] = -[\boldsymbol{a}\,\boldsymbol{c}\,\boldsymbol{b}] = -[\boldsymbol{b}\,\boldsymbol{a}\,\boldsymbol{c}] = -[\boldsymbol{c}\,\boldsymbol{b}\,\boldsymbol{a}]$ であることを示せ．

【解】 略．

3つの3次元ベクトルの（順序付けられた）組 $\boldsymbol{a},\boldsymbol{b},\boldsymbol{c}$ は，$[\boldsymbol{a}\,\boldsymbol{b}\,\boldsymbol{c}] > 0$ であるとき右手系をなすといい，$[\boldsymbol{a}\,\boldsymbol{b}\,\boldsymbol{c}] < 0$ であるとき左手系をなすという．よって問題 1.24 から，$\boldsymbol{e}_x, \boldsymbol{e}_y, \boldsymbol{e}_z$ は右手系をなし，$\boldsymbol{e}_y, \boldsymbol{e}_x, \boldsymbol{e}_z$ は左手系をなすことになる．

注意 1.6 右手系・左手系というとき，$\boldsymbol{a},\boldsymbol{b},\boldsymbol{c}$ はそれぞれ親指，人指し指，中指に対応しているのだが，高校で習ったフレミングの右手・左手の法則を思い出しながら，自分の手をよくながめて納得してもらいたい．

次に $[\boldsymbol{a}\,\boldsymbol{b}\,\boldsymbol{c}]$ をそれぞれのベクトルの成分で書き表してみよう．

$$\boldsymbol{b} \times \boldsymbol{c} = \begin{vmatrix} b_y & b_z \\ c_y & c_z \end{vmatrix} \boldsymbol{e}_x + \begin{vmatrix} b_z & b_x \\ c_z & c_x \end{vmatrix} \boldsymbol{e}_y + \begin{vmatrix} b_x & b_y \\ c_x & c_y \end{vmatrix} \boldsymbol{e}_z$$

であるから，

$$\begin{aligned} [\boldsymbol{a}\,\boldsymbol{b}\,\boldsymbol{c}] &= a_x \begin{vmatrix} b_y & b_z \\ c_y & c_z \end{vmatrix} + a_y \begin{vmatrix} b_z & b_x \\ c_z & c_x \end{vmatrix} + a_z \begin{vmatrix} b_x & b_y \\ c_x & c_y \end{vmatrix} \\ &= \begin{vmatrix} a_x & a_y & a_z \\ b_x & b_y & b_z \\ c_x & c_y & c_z \end{vmatrix}. \end{aligned}$$

このことから，平行六面体の符号付き体積 $[a\ b\ c]$ は，a, b, c を横ベクトルと見てそれらを 3 段に積んでできた 3 行 3 列の行列の行列式であることがわかる．

【問題 1.26】 次の a, b, c に対して $[a\ b\ c]$ を求めよ．
(1) $a = (0, 0, 1), b = (0, 1, 0), c = (1, 0, 0)$,
(2) $a = (0, 1, 1), b = (1, 0, 1), c = (1, 1, 0)$,
(3) $a = (0, 2, -1), b = (-1, 1, 1), c = (2, 0, -3)$,
(4) $a = (2, -1, 1), b = (1, 0, 1), c = (-3, 1, -1)$.

【解】 (1) $[a\ b\ c] = -1$, (2) $[a\ b\ c] = 2$, (3) $[a\ b\ c] = 0$,
(4) $[a\ b\ c] = 1$.

3 つの 3 次元ベクトル a, b, c が 1 次従属であるとき，3 つのうちのあるベクトルは他の 2 つのベクトルの線形結合で書かれる．そのときには 3 つのベクトルは同一平面上にあり，当然 a, b, c がつくる平行六面体はつぶれてしまって $[a\ b\ c] = 0$ となる．また，その逆も正しい．ゆえに，符号付き体積 $[a\ b\ c]$ は 1 次独立性の判定に使うことができる．すなわち，

$$[a\ b\ c] \neq 0 \iff a, b, c \text{ が 1 次独立},$$
$$[a\ b\ c] = 0 \iff a, b, c \text{ が 1 次従属}.$$

【問題 1.27】 次の 3 つのベクトル a, b, c が 1 次独立であるかどうかを判定せよ．
(1) $a = (1, 2, 3), b = (4, 5, 6), c = (7, 8, 9)$,
(2) $a = (1, 2, 3), b = (2, 3, 1), c = (3, 1, 2)$,
(3) $a = (1, 1, 1), b = (-1, 0, -1), c = (0, 2, 1)$,
(4) $a = (2, -2, 1), b = (1, 0, 1), c = (-1, -2, -2)$.

【解】 (1) $[a\ b\ c] = 0$ より 1 次従属， (2) $[a\ b\ c] = -18$ より 1 次独立，
(3) $[a\ b\ c] = 1$ より 1 次独立， (4) $[a\ b\ c] = 0$ より 1 次従属．

注意 1.7 $[a\ b\ c]$ のことを**スカラー 3 重積**と呼ぶこともある．

注意 1.8 この章で学んだ平行四辺形の符号付き面積や平行六面体の符号付き体積を用いて，2 行 2 列や 3 行 3 列の行列の行列式の幾何学的意味を与えることができる．行列式がいまひとつよくわからない人は付録を読んでもらいたい．

章末問題

[1.1] 円 O の円周上に 2 点 A, B を AB が直径になるようにとる．円 O の円周上に，A, B と相異なる点 P をとるとき，$\angle \mathrm{APB} = \dfrac{\pi}{2}$ であることをベクトルを用いて示せ．

[1.2] 次のベクトルの組の 1 次独立性を判定せよ．
 (1) $(1, 1), (2, -1)$,　　(2) $(2, -3), (-6, 9)$,
 (3) $(1, 1, 0), (-1, 0, 1), (0, 2, -1)$,　　(4) $(2, -1, 1), (-3, 2, 2), (0, 1, -1)$,
 (5) $(-1, 2, 1), (3, 1, -2), (-1, -5, 0)$.

[1.3] 3 次元ベクトル a, b について，$|a \times b|^2 = |a|^2 |b|^2 - (a \cdot b)^2$ が成り立つことを示せ．

[1.4] 四面体の 1 頂点を原点とし，他の 3 点の位置ベクトルを a, b, c とするとき，その四面体の体積は $\dfrac{1}{6} |[a\ b\ c]|$ であることを示せ．

[1.5] 次の 3 点を頂点とする三角形の面積を求めよ．
 (1) $(0, 0), (2, 1), (-2, 2)$,　　(2) $(-1, 1), (2, 3), (3, -1)$,
 (3) $(0, 0, 0), (-2, 0, 2), (1, 1, 1)$,　　(4) $(3, 2, -1), (-1, -1, 0), (1, 4, 1)$.

[1.6] 次の 4 点を頂点とする四面体の体積を求めよ．
 (1) $(0, 0, 0), (1, 3, -5), (2, -4, 1), (0, 2, -1)$,
 (2) $(3, 1, 0), (0, -1, 0), (2, 2, -1), (1, 2, 3)$.

[1.7] 次の 4 点は 1 つの平面上にあるかどうかを判定せよ．
(1) $(0, -1, 0)$, $(1, -1, 2)$, $(-1, -2, -1)$, $(-1, -3, 0)$．
(2) $(0, -1, -1)$, $(2, 1, 1)$, $(1, 0, 2)$, $(-1, 3, 1)$．

[1.8] t を媒介変数として，3 次元空間内の平行でない 2 直線 $\ell_1 : \boldsymbol{r} = \boldsymbol{r}_1 + t\boldsymbol{v}_1$, $\ell_2 : \boldsymbol{r} = \boldsymbol{r}_2 + t\boldsymbol{v}_2$ を考える．
(1) 2 直線に直交する単位ベクトル $\boldsymbol{n}$ を求めよ．
(2) $\boldsymbol{n}$ に直交し，点 $\boldsymbol{r}_i$ $(i = 1, 2)$ を含む平面の方程式を求めよ．
(3) 2 直線の距離 d を求めよ．

[1.9] 三角形の 3 頂点 P_0, P_1, P_2 の位置ベクトルを $\boldsymbol{r}_0$, $\boldsymbol{r}_1$, $\boldsymbol{r}_2$ とするとき，この三角形の内心の位置ベクトル $\boldsymbol{r}_{\text{in}}$ は

$$\boldsymbol{r}_{\text{in}} = \frac{1}{\ell_0 + \ell_1 + \ell_2} (\ell_0 \boldsymbol{r}_0 + \ell_1 \boldsymbol{r}_1 + \ell_2 \boldsymbol{r}_2)$$

で与えられることを示せ．ただし，ℓ_i $(i = 0, 1, 2)$ は頂点 P_i の対辺の長さとする．

第2章
座標と場

　われわれは3次元空間という広がりのある世界に住んでいる．しかも，「日本は夏だがオーストラリアは冬」という具合に，場所によって状態が異なる．まずは，このようなヤヤコシイ世界を表現するところから始めてみよう．画家ならカンバスと絵の具だが，ベクトル解析なら座標と場である．

2.1 座標と場

座標曲線　グラフや実験データをプロットするために方眼紙を用いる．例えば $y = x^2$ のグラフを描く場合，まず方眼紙上の 1 点を定め，そこを原点として x, y 座標軸を引く．そして $x = \cdots, -2, -1, 0, 1, 2, \cdots$ でそれぞれ $y = \cdots, 4, 1, 0, 1, 4, \cdots$ という具合に x, y 座標の組からグラフが通るべき点をいくつかプロットし，その点をなめらかに結んで図 2.1 のようにグラフを描く．このとき，座標を割り出すために方眼紙上に描かれている格子状の直

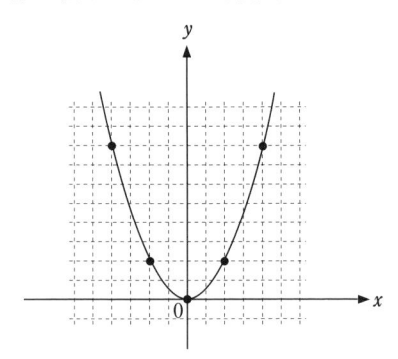

図 **2.1**　方眼紙と $y = x^2$ のグラフ

線を利用する．これらの直線は，x 座標一定あるいは y 座標一定の直線である．このように，他の座標を固定したままある座標を自由に動かして得られる線のことを**座標曲線**という．

スカラー場　上のように座標平面上で座標を定めれば位置が定まるが，今度はさらに位置が定まれば値が定まるような量を考えよう．例えば，薄い平らな板の各場所での温度 T がこれに相当する．図 2.2 のような正方形の板の各位置で温度が測定できるとする．板に適当に x, y 座標軸を定めると，x, y 座標の組を指定すれば温度 T の値が決まる．また，x, y の値が変われば，一般に T は変化しうる．すなわち，T は x, y の関数と見なすことがで

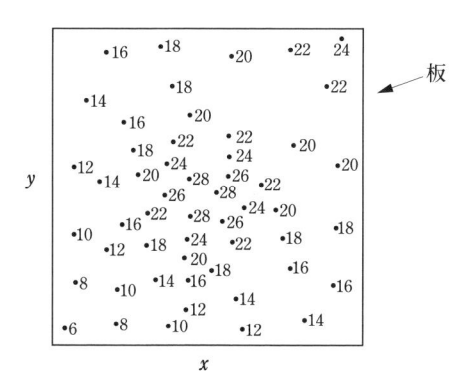

図 2.2 板の温度分布. 各点での数値がその点における温度を表す

きる．この T のように座標を指定すると値が定まるような量を**場**と呼ぶ．さらに，温度は符号と大きさで表現できる量なのでスカラー量であり，それが場をなしているので**スカラー場**と呼ぶ．

【問題 2.1】　スカラー場の身近な例をあげよ．

【解】　例えば，気温，気圧，湿度の分布や，騒音強度分布，人口密度分布など．

スカラー場の表示　　座標平面上のスカラー場をグラフで表現するにはどうすればよいであろうか．例えば前の板の温度分布を例にとって考える．任意の温度を定め，その温度に等しい位置をすべて探しだして点をプロットすれば，それら点の集合は図 2.3 (a) のように曲線をなす．図中の各曲線に示された数値はその線上での温度を示す．このように，等しい値の点を結んで得られる曲線のことを**等高線**や**等位線**などと呼ぶ．いまの温度の例のような場合はとくに等温線と呼ぶこともある．

【問題 2.2】　等位線の身近な例をあげよ．

【解】　例えば，天気図の等圧線，地図の等高線など．

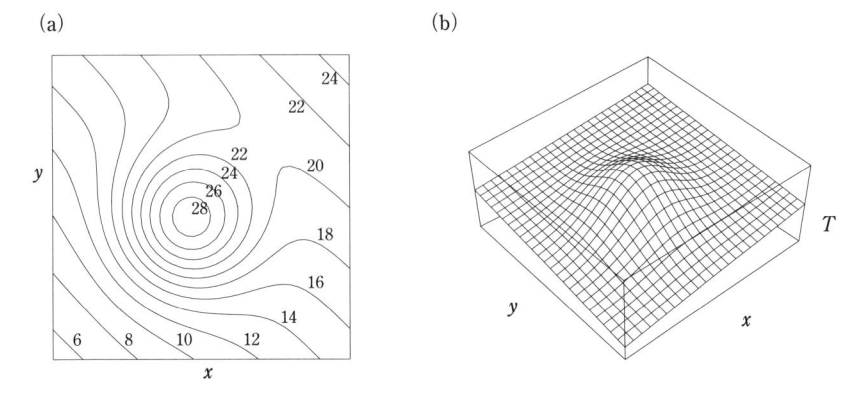

図 **2.3** (a) 等位線．数値は等位線での値を示す，(b) 3 次元グラフ

【問題 2.3】 スカラー場 (1) $x+y$, (2) x^2+4y^2 の等位線を描け．

【解】 図 2.4 参照．

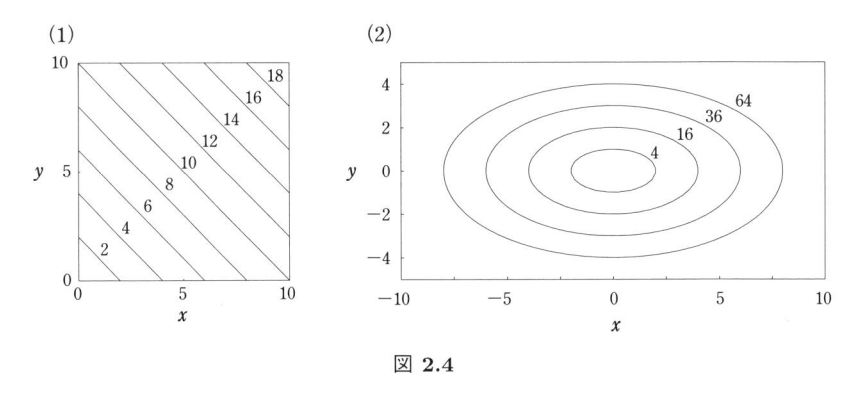

図 **2.4**

スカラー場の別の表現として 3 次元グラフがある．図 2.3 (b) は図 2.3 (a) と同じ温度分布を 3 次元グラフで表しており，グラフは曲面をなしている．また，x, y 軸の他に座標平面に直交する T 軸が設けてある．xy 平面上で位置を指定すれば温度 T が定まり，これら (x, y, T) を組にして xyT 空間内に点をプロットする．このようにして，xy 座標平面上のすべての位置において点をプロットすれば，それらの点の集合が図に示すような曲面になるとい

うわけである．地図で地形を表現するのに鳥瞰図という方法があるが，鳥瞰図はまさに地形の高さを 3 次元グラフに表したものとなっており，地肌がなす曲面がグラフそのものである．

【問題 2.4】　スカラー場 (1) $x+y$，(2) x^2+4y^2 の 3 次元グラフを描け．

【解】　図 2.5 参照．

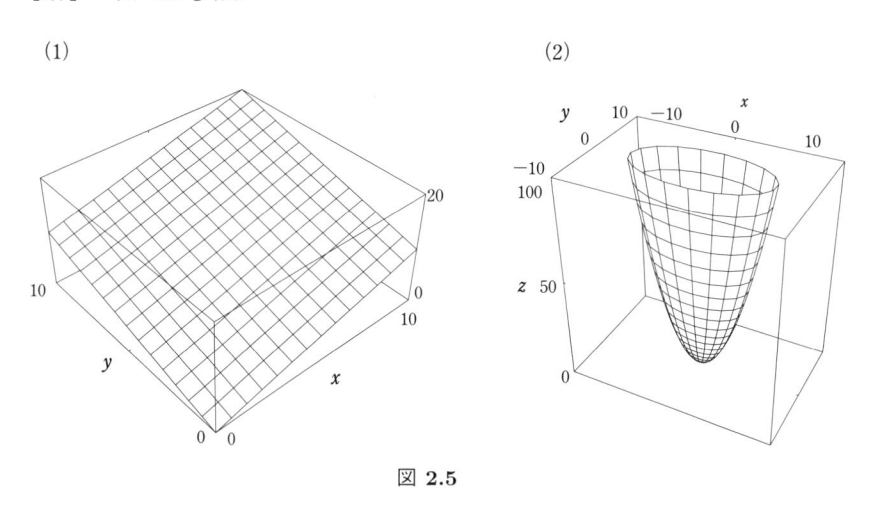

図 2.5

ベクトル場　　上では位置によってスカラー値が定まるスカラー場を考えた．次に，位置を決めるとその位置でのベクトル量が定まるような**ベクトル場**について考えよう．身近な例としては，天気図でよく用いられる風向風速，すなわち空気の流れの速度ベクトルがあげられる．例えばある時刻に日本全国の風向風速を測定したとしよう．すると大阪では南東 5 m/s の風，東京では北 10 m/s の風という具合に，場所が変わると速度ベクトルが変わる．すなわち速度ベクトルの場が形成されている．

【問題 2.5】　ベクトル場の身近な例をあげよ．

【解】　例えば，海流，電場，磁場など．

ベクトル場の表示　　ベクトル場を絵で表現するには，座標平面上の各位置でのベクトルを矢印で示す方法などが考えられる．図 2.6(a) は 2 枚の平行な板の間を流れる水の速度ベクトル場を，図 2.6(b) は正の点電荷のまわり

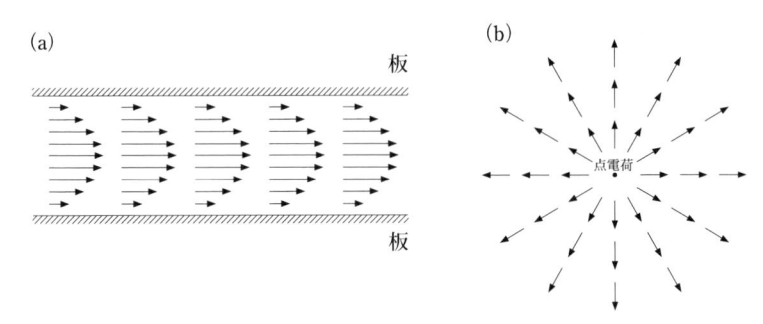

図 2.6　(a) 平行平板間の水の流れ，(b) 点電荷のまわりの電場

に生じる電場を示したものである．ただし，図では各電場を単位ベクトルになおして表示している．図 2.6(a) を見ると，水が板の間を板に平行に左から右へ流れており，板の付近では流れが遅く，板から離れたところでは流れが速いことがわかる．また，図 2.6(b) を見ると，任意の点での電場の向きは，その点と点電荷を結んだ直線の向きに等しく，点電荷から離れるほうを向いていることがわかる．

いま，あるベクトル場を考え，各点のベクトルを V とする．すると，一般に V は座標によって変化する．V を

$$\boldsymbol{V} = (V_x, V_y) = V_x \boldsymbol{e}_x + V_y \boldsymbol{e}_y \tag{2.1}$$

と成分で表示すると，V が座標によって変化するので，当然 V_x, V_y も座標によって変化する．

【問題 2.6】　　以下のベクトル場を描け．

　(1) $(1, 0)$，　　(2) $(x, 0)$，　　(3) $(y, 0)$，　　(4) $(-y, x)$．

【解】　図 2.7 参照．

(1) 任意の位置で同じベクトル

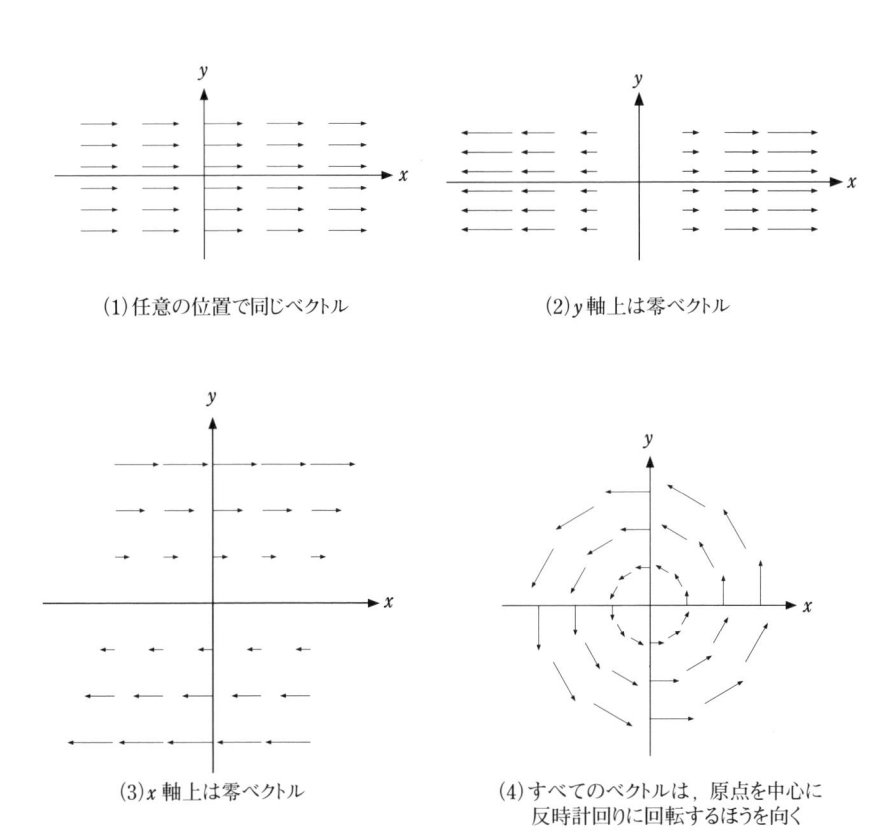

(2) y 軸上は零ベクトル

(3) x 軸上は零ベクトル

(4) すべてのベクトルは，原点を中心に反時計回りに回転するほうを向く

図 2.7

2.2 極座標

極座標と直交座標　　前節では直交座標を用いて平面上の点を指定したが，任意の点を一意に指定することのできる座標は他にも無数にある．ここでは，直交座標以外の平面の座標の代表例として**極座標**をとりあげよう．極座標と

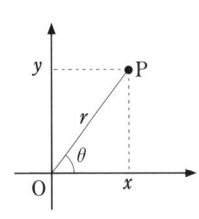

図 **2.8** 極座標と直交座標との関係

直交座標との関係を図 2.8 に示す．極座標では平面上の点 P を P と原点 O との距離 r，および，直線 OP が x 軸に対して左回りになす角 θ の 2 つの座標の組で指定する．r は当然 $r \geq 0$ の範囲で考える．また，同じ点を指定する θ には 2π の整数倍の不定性がある．例えば $(x,y) = (0,1)$ の点は $(r,\theta) = \left(1, \dfrac{\pi}{2} + 2n\pi\right)$ となる．

そこで，わずらわしさを避けるために $0 \leq \theta < 2\pi$ の範囲で指定することにする．したがってこの例では $\theta = \dfrac{\pi}{2}$ となる．また，原点 $(x,y) = (0,0)$ は特別な点であり，$r = 0$ で θ は不定となる．

図 2.8 の点 P の座標を直交座標で (x,y)，極座標で (r,θ) とすると，三角法から両座標の関係は

$$\begin{cases} x = r\cos\theta, \\ y = r\sin\theta \end{cases} \tag{2.2}$$

となる．また逆に

$$\begin{cases} r = \sqrt{x^2 + y^2}, \\ \theta = \arg(x,y) \end{cases} \tag{2.3}$$

となる．ただし arg は偏角関数である．

【問題 2.7】 極座標 (r,θ) で表された点 $\left(1, \dfrac{\pi}{3}\right), \left(2, \dfrac{3}{4}\pi\right)$ を直交座標 (x,y) で表せ．

【解】 それぞれ $(x,y) = \left(\dfrac{1}{2}, \dfrac{\sqrt{3}}{2}\right), (-\sqrt{2}, \sqrt{2})$．

【問題 2.8】 直交座標 (x,y) で表された点 $(1,1), (0,-3)$ を極座標 (r,θ) で表せ．

【解】 それぞれ $(r,\theta) = \left(\sqrt{2}, \dfrac{\pi}{4}\right), \left(3, \dfrac{3}{2}\pi\right)$．

θ を固定して r を自由に動かして得られる座標曲線（r 曲線と呼ぶことにする）と，r を固定して θ を自由に動かして得られる座標曲線（θ 曲線と呼ぶことにする）を描いた「方眼紙」は図 2.9 のようになる．r 曲線は原点か

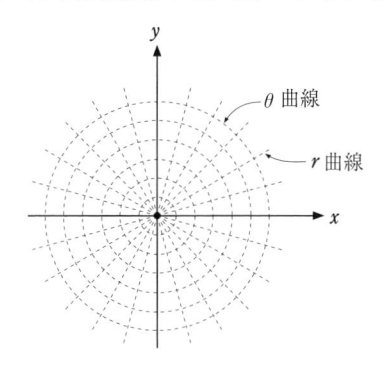

図 **2.9**　極座標の「方眼紙」

ら無限にのびていく半直線であり，θ 曲線は原点を中心とする円であるので，両者はつねに直交している．このように異なる種類の座標曲線どうしがつねに直交しているような座標を**直交曲線座標**という．

【問題 2.9】　直交座標で $(\sqrt{3}, 1)$ と表される点を通る r 曲線，θ 曲線の式を求めよ．

【解】　r 曲線は半直線 $y = \dfrac{x}{\sqrt{3}}$ $(x \geq 0)$，θ 曲線は $x^2 + y^2 = 4$ の円．

スカラー場と極座標　　スカラー場を極座標で表現するには，(2.2) 式の関係を用いればよい．例えば $f = x^2 + y$ のとき，

$$f = x^2 + y = r^2 \cos^2 \theta + r \sin \theta \tag{2.4}$$

とすれば，最右辺がスカラー場 f の極座標による表現となる．

【問題 2.10】　等位線がすべて原点を中心とする円であるようなスカラー場 f の例をあげよ．

【解】 f は r にのみ依存する．すなわち $f(r)$ の形をしていればよい．例えば $f = \dfrac{1}{1+r^2} = \dfrac{1}{1+x^2+y^2}$．

基本ベクトル　　ベクトル場を極座標で表現してみよう．まず最初に極座標の基本ベクトルを定義する．いままでは直交座標の基本ベクトル e_x, e_y についてしかふれなかったが，ある座標の基本ベクトルとは，座標平面の任意の点で定義され，その点を通る座標曲線に接する単位ベクトルのことである．さらに，座標曲線に対応する座標が増加する向きにとる．極座標の基本ベクトルはこの定義に従うと図 2.10 のようになる．まず，平面上の任意の点 P を考える．すると点 P を通る極座標の座標曲線は r 曲線と θ 曲線が 1 本ずつある．r 曲線に接し r が増える方向を向いている単位ベクトルを e_r，θ 曲線に接し θ が増える方向を向いている単位ベクトルを e_θ とすると，この e_r, e_θ が点 P における極座標の基本ベクトルとなる．ただし，原点では極座標の特殊性より e_r, e_θ が定義されない．

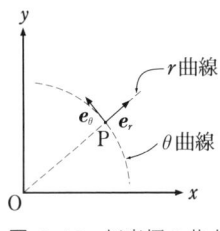

図 2.10 極座標の基本ベクトル

では e_r, e_θ と e_x, e_y との関係を調べてみよう．まず点 P の座標を $(x, y) = (r\cos\theta, r\sin\theta)$ とする．すると e_r は $\overrightarrow{\mathrm{OP}}$ と同じ向きの単位ベクトルであり，e_θ は e_r に直交する．これらのことから，

$$\begin{cases} e_r = \cos\theta\, e_x + \sin\theta\, e_y, \\ e_\theta = -\sin\theta\, e_x + \cos\theta\, e_y \end{cases} \quad (2.5)$$

となる．なお，e_x, e_y は平面上のどの位置でも同じ向きのベクトルであるのに対し，e_r, e_θ は (2.5) 式より θ に依存しているので，考える点によって向きが変わることに注意してほしい．

【問題 2.11】 e_x と e_y を e_r と e_θ を用いて表せ．

【解】 (2.5) 式を e_x, e_y について解いて，

$$\begin{cases} \boldsymbol{e}_x = \cos\theta \boldsymbol{e}_r - \sin\theta \boldsymbol{e}_\theta, \\ \boldsymbol{e}_y = \sin\theta \boldsymbol{e}_r + \cos\theta \boldsymbol{e}_\theta. \end{cases}$$

【問題 2.12】 点 $(x,y) = (1,0), (1,1), (-1,0)$ において $\boldsymbol{e}_r, \boldsymbol{e}_\theta$ を求めよ．

【解】 点 $(1,0)$ で $\boldsymbol{e}_r = (1,0), \boldsymbol{e}_\theta = (0,1)$，点 $(1,1)$ で $\boldsymbol{e}_r = \left(\dfrac{1}{\sqrt{2}}, \dfrac{1}{\sqrt{2}}\right)$, $\boldsymbol{e}_\theta = \left(-\dfrac{1}{\sqrt{2}}, \dfrac{1}{\sqrt{2}}\right)$，点 $(-1,0)$ で $\boldsymbol{e}_r = (-1,0), \boldsymbol{e}_\theta = (0,-1)$．

<u>ベクトル場と極座標</u> 　以上で極座標の基本ベクトルが準備できたので，ベクトル場を極座標に変換する．例えばベクトル場 $\boldsymbol{V} = x\boldsymbol{e}_x$ を考えると $x = r\cos\theta, \boldsymbol{e}_x = \cos\theta\boldsymbol{e}_r - \sin\theta\boldsymbol{e}_\theta$ より

$$\boldsymbol{V} = r\cos^2\theta \boldsymbol{e}_r - r\cos\theta\sin\theta \boldsymbol{e}_\theta \tag{2.6}$$

となる．では，$\boldsymbol{V} = \boldsymbol{e}_r$ というベクトル場はどのような場であろうか．これを絵で表現したのが図 2.11 である．すなわち，原点から周囲に水が流れ出

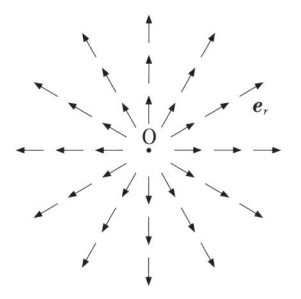

図 2.11　ベクトル場 $\boldsymbol{V} = \boldsymbol{e}_r$

しているかのようなベクトル場となっている（ただし原点を除く）．この $\boldsymbol{V}$ を直交座標で表現すると

$$\boldsymbol{V} = \frac{x}{\sqrt{x^2+y^2}}\boldsymbol{e}_x + \frac{y}{\sqrt{x^2+y^2}}\boldsymbol{e}_y \tag{2.7}$$

となる．図 2.11 のようなベクトル場を表現するには明らかに極座標による表現のほうがシンプルである．ベクトル解析では，対象とする場の様子や解くべき方程式の領域に応じて，直交座標でなく他の座標を用いると便利になることがしばしばある．ここでは上の例にとどめておくが，他の座標の有用性は後の章でも登場する．

【問題 2.13】 ベクトル場 (1) $y\bm{e}_y$, (2) $y\bm{e}_x - x\bm{e}_y$ を極座標で表せ．

【解】 (1) $r\sin^2\theta\bm{e}_r + r\sin\theta\cos\theta\bm{e}_\theta$, (2) $-r\bm{e}_\theta$.

【問題 2.14】 任意のベクトル場を $\bm{V} = V_x\bm{e}_x + V_y\bm{e}_y = V_r\bm{e}_r + V_\theta\bm{e}_\theta$ と表す．V_x, V_y と V_r, V_θ の関係を求めよ．

【解】 $V_x\bm{e}_x + V_y\bm{e}_y = (V_x\cos\theta + V_y\sin\theta)\bm{e}_r + (-V_x\sin\theta + V_y\cos\theta)\bm{e}_\theta$ より，$V_r = V_x\cos\theta + V_y\sin\theta$, $V_\theta = -V_x\sin\theta + V_y\cos\theta$．逆に $V_x = V_r\cos\theta - V_\theta\sin\theta$, $V_y = V_r\sin\theta + V_\theta\cos\theta$.

【問題 2.15】 ベクトル場 (1) $\bm{e}_\theta$, (2) $r\bm{e}_r$ を描け．

【解】 図 2.12 参照．

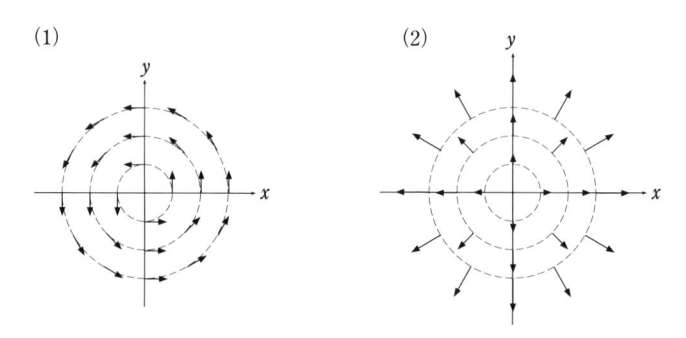

図 2.12

2.3 空間の場と座標

空間のスカラー場　平面に対して場を考えたのと同様に，空間に対しても場を考えることができる．例えば部屋の中の温度は，天井の付近や床の付近，部屋の中央や壁際など場所によって異なる．位置を決めればその位置での温度が存在するので，温度は空間に対するスカラー場を与えている．平面のスカラー場を表現する方法の 1 つに等位線というものがあった．では，空間のスカラー場 f に対して f の値が等しい点の集合はどのような図形になるであろうか．例えば $f = x$ とすると，$f = $ 定数 となる点の集合は x 軸に垂直な平面となる．$f = x^2 + y^2 + z^2 = $ 定数 の場合は原点を中心とする球面となる．このように $f = $ 定数 をみたす点の集合は一般に曲面を形成する．この曲面を**等位面**と呼ぶ．

【**問題 2.16**】　スカラー場 (1) y, (2) $x+y+z$, (3) x^2+y^2, (4) x^2+y^2-z の値が 1 の等位面を調べよ．

【**解**】　(1) 平面 $y=1$, (2) 平面 $x+y+z=1$, (3) z 軸を中心とする半径 1 の円筒（図 2.13 (a) 参照），(4) 回転放物面（図 2.13 (b) 参照）．

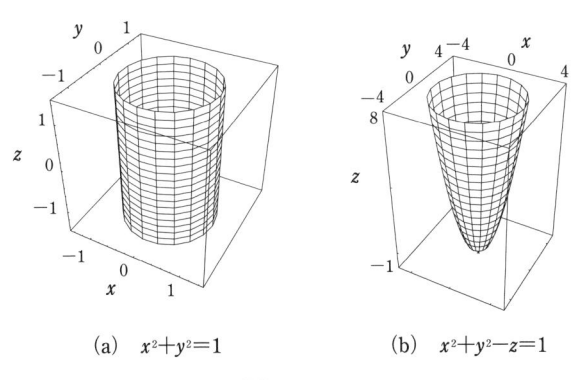

(a) $x^2+y^2=1$　　　(b) $x^2+y^2-z=1$

図 **2.13**

空間のベクトル場　では次に空間のベクトル場について考えてみよう．例えば部屋にエアコンが設置されているとすると，部屋の空気に流れが生じている．流れの速さ，すなわち空気の速度ベクトルは，部屋の各場所で向きや大きさが変わる．つまり速度ベクトルはベクトル場を与えているのである．空間のベクトル場を表示するのは平面の場合よりも難しい．例えば，各位置でベクトルを表す矢印を描くとすると，単純なベクトル場 e_x であっても，図 2.14 のようにゴチャゴチャした絵になってしまう．むしろ，式に対する理解力と想像力が重要であろう．

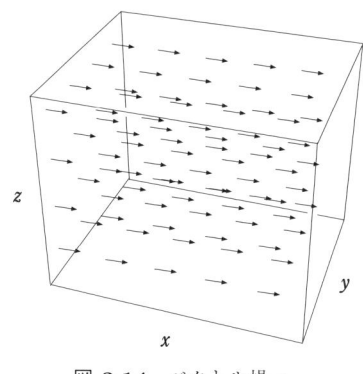

図 2.14　ベクトル場 e_x

【問題 2.17】　(1) $xe_x + ye_y$, (2) $ye_z - ze_y$ はどのようなベクトル場を表しているか調べよ．

【解】　(1) $z = $ 定数 の任意の平面上のベクトル場の様子を図 2.15 (a) に示す．
(2) $x = $ 定数 の任意の平面上のベクトル場の様子を図 2.15 (b) に示す．

球座標　さて，前節で平面の直交曲線座標の例として極座標をとりあげた．ここでは空間の直交曲線座標を考え，代表的な 2 つの例を示す．まず最初は**球座標**あるいは（空間）極座標と呼ばれるものである．空間の任意の点 P を考え，点 P の座標を直交座標で (x, y, z) とする．点 P を球座標で指定するには，

(a)   (b)

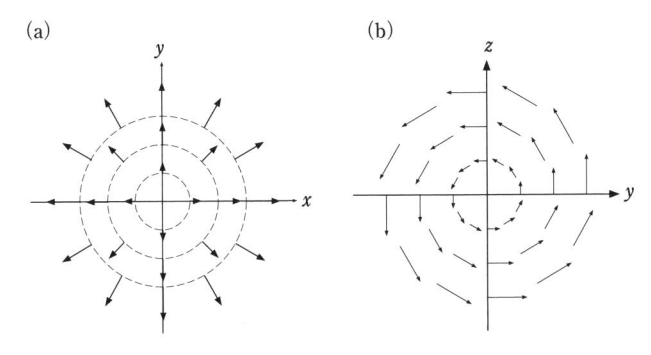

図 **2.15**

図 2.16 に示す 3 つの座標 r, θ, φ の組を用いる．ここで r は原点 O と点 P との距離，θ は OP と z 軸の正の部分とがなす角，φ は OP の xy 平面への正射影 OP′ が x 軸の正の部分となす角である．したがって直交座標と球座標の関係を式で表すと，

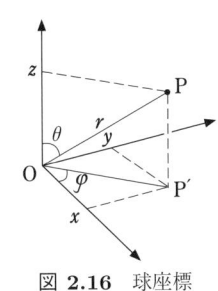

$$\begin{cases} x = r\sin\theta\cos\varphi, \\ y = r\sin\theta\sin\varphi, \\ z = r\cos\theta \end{cases} \quad (2.8)$$

図 **2.16** 球座標

となる．また，$0 \leq \theta \leq \pi$，$0 \leq \varphi < 2\pi$ の範囲を与えることが多い（ただし，$\theta = 0, \pi$ のとき φ は不定であり，$r = 0$ のとき θ, φ が不定である）．

【問題 2.18】 球座標 $(r, \theta, \varphi) = \left(2, \dfrac{\pi}{3}, \dfrac{\pi}{4}\right), \left(3, \dfrac{\pi}{2}, \pi\right), \left(4, \dfrac{\pi}{4}, \dfrac{3}{2}\pi\right)$ で表される点を直交座標で答えよ．

【解】 それぞれ順に $(x, y, z) = \left(\dfrac{\sqrt{6}}{2}, \dfrac{\sqrt{6}}{2}, 1\right), (-3, 0, 0), (0, -2\sqrt{2}, 2\sqrt{2})$．

【問題 2.19】 直交座標 $(x, y, z) = (1, 0, 0), (0, 0, 2), (1, 1, \sqrt{2}), (-1, 0, 1)$ で表される点をそれぞれ球座標で答えよ．

2.3 空間の場と座標

【解】 それぞれ順に $(r,\theta,\varphi) = \left(1, \dfrac{\pi}{2}, 0\right)$, $(2, 0, 不定)$, $\left(2, \dfrac{\pi}{4}, \dfrac{\pi}{4}\right)$, $\left(\sqrt{2}, \dfrac{\pi}{4}, \pi\right)$.

球座標で，3つの座標のうち2つを一定にして，残りの座標を自由に動かしたときに得られる座標曲線を図 2.17 に示す．座標が3つあるので r 曲線, θ 曲線, φ 曲線の3種類が存在する．さらに，r, θ, φ 曲線の正の方向を向く単位ベクトルをそれぞれ $\boldsymbol{e}_r, \boldsymbol{e}_\theta, \boldsymbol{e}_\varphi$ とすると，

$$\begin{cases} \boldsymbol{e}_r = \sin\theta\cos\varphi\boldsymbol{e}_x + \sin\theta\sin\varphi\boldsymbol{e}_y + \cos\theta\boldsymbol{e}_z, \\ \boldsymbol{e}_\theta = \cos\theta\cos\varphi\boldsymbol{e}_x + \cos\theta\sin\varphi\boldsymbol{e}_y - \sin\theta\boldsymbol{e}_z, \\ \boldsymbol{e}_\varphi = -\sin\varphi\boldsymbol{e}_x + \cos\varphi\boldsymbol{e}_y \end{cases} \tag{2.9}$$

となる．これらが球座標の基本ベクトルである．

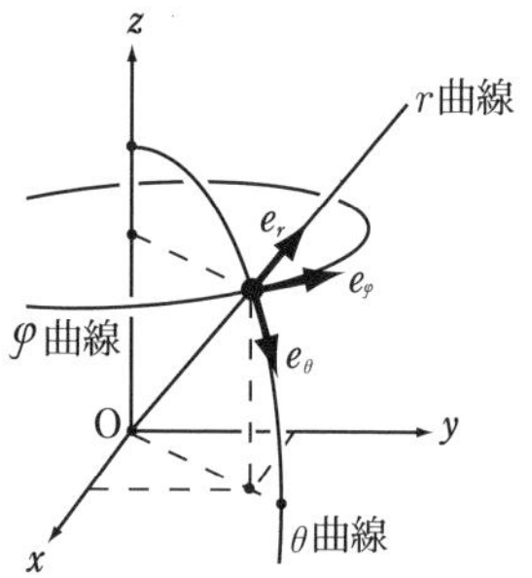

図 2.17 球座標の座標曲線と基本ベクトル

【問題 2.20】 $\boldsymbol{e}_x, \boldsymbol{e}_y, \boldsymbol{e}_z$ を $\boldsymbol{e}_r, \boldsymbol{e}_\theta, \boldsymbol{e}_\varphi$ で表せ．

【解】 (2.9) 式を $\boldsymbol{e}_x, \boldsymbol{e}_y, \boldsymbol{e}_z$ について解いて，

$$\begin{cases} \boldsymbol{e}_x = \sin\theta\cos\varphi\boldsymbol{e}_r + \cos\theta\cos\varphi\boldsymbol{e}_\theta - \sin\varphi\boldsymbol{e}_\varphi, \\ \boldsymbol{e}_y = \sin\theta\sin\varphi\boldsymbol{e}_r + \cos\theta\sin\varphi\boldsymbol{e}_\theta + \cos\varphi\boldsymbol{e}_\varphi, \\ \boldsymbol{e}_z = \cos\theta\boldsymbol{e}_r - \sin\theta\boldsymbol{e}_\theta. \end{cases}$$

【問題 2.21】 スカラー場 (1) $x - z$, (2) $x^2 + y^2 - z^2$ を球座標で表せ．

【解】 (1) $r(\sin\theta\cos\varphi - \cos\theta)$, (2) $r^2(\sin^2\theta - \cos^2\theta)$.

【問題 2.22】 ベクトル場 (1) $x\boldsymbol{e}_x$, (2) $x\boldsymbol{e}_x + y\boldsymbol{e}_y + z\boldsymbol{e}_z$, (3) $-y\boldsymbol{e}_x + x\boldsymbol{e}_y$ を球座標およびその基本ベクトルで表せ．

【解】 (1) $r\sin^2\theta\cos^2\varphi\boldsymbol{e}_r + r\cos\theta\sin\theta\cos^2\varphi\boldsymbol{e}_\theta - r\sin\theta\cos\varphi\sin\varphi\boldsymbol{e}_\varphi$,

(2) $r\bm{e}_r$, (3) $r\sin\theta\bm{e}_\varphi$.

次に，もう 1 つの直交曲線座標の例をあげる．今度は，空間の任意の点 P(x,y,z) に対して，新しく r,θ という座標を図 2.18 (a) のように定義し，元の z 座標と組にして (r,θ,z) という座標を考える．ここで，点 P の xy 平

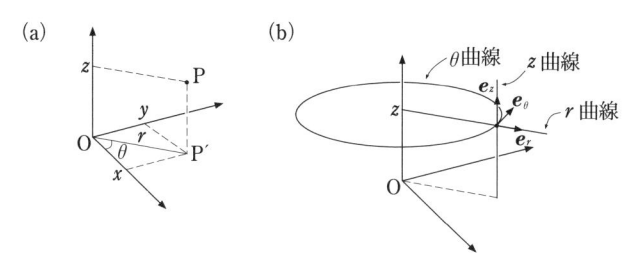

図 2.18 (a) 円柱座標，(b) 座標曲線と基本ベクトル

面上への射影を P′ としたとき，原点 O と P′ の距離が r であり，線分 OP′ と x 軸の正の部分とがなす角が θ である．この座標は**円柱座標**と呼ばれる．図 2.18 (b) は座標曲線と基本ベクトルを示している．以下の問題を解いて円柱座標と直交座標の関係を求めてみよう．

【問題 2.23】 x,y,z と r,θ,z の関係を示せ．円柱座標の基本ベクトル $\bm{e}_r, \bm{e}_\theta, \bm{e}_z$ を求めよ．

【解】
$$\begin{cases} x = r\cos\theta, \\ y = r\sin\theta, \\ z = z. \end{cases}$$

$$\begin{cases} \bm{e}_r = \cos\theta\bm{e}_x + \sin\theta\bm{e}_y, \\ \bm{e}_\theta = -\sin\theta\bm{e}_x + \cos\theta\bm{e}_y, \\ \bm{e}_z = \bm{e}_z. \end{cases}$$

【問題 2.24】 $(x,y,z) = (1,0,0), (1,1,3), (-\sqrt{3},1,-1)$ の点をそれぞれ円柱座標で表せ．

【解】 それぞれ $(r,\theta,z) = (1,0,0), \left(\sqrt{2}, \dfrac{\pi}{4}, 3\right), \left(2, \dfrac{5}{6}\pi, -1\right)$.

【問題 2.25】 $(r,\theta,z) = (1,0,1), \left(2, \dfrac{2}{3}\pi, 1\right), \left(3, \dfrac{11}{6}\pi, -2\right)$ の点をそれぞれ直交座標で表せ．

【解】 それぞれ $(x,y,z) = (1,0,1), (-1, \sqrt{3}, 1), \left(\dfrac{3\sqrt{3}}{2}, -\dfrac{3}{2}, -2\right)$.

【問題 2.26】 スカラー場 (1) y, (2) $x+z$, (3) $x^2+y^2+z^2$ を円柱座標で表せ．

【解】 (1) $r\sin\theta$, (2) $r\cos\theta + z$, (3) $r^2 + z^2$.

【問題 2.27】 球座標によるスカラー場 r と円柱座標によるスカラー場 r の等位面を比較せよ．

【解】 球座標の場合は原点を中心とする球面であるのに対し，円柱座標の場合は z 軸を中心とする円筒の側面となる．

【問題 2.28】 ベクトル場 (1) $x\bm{e}_x$, (2) $x\bm{e}_x + y\bm{e}_y + z\bm{e}_z$, (3) $-y\bm{e}_x + x\bm{e}_y$ を円柱座標で表せ．

【解】 (1) $r\cos^2\theta\,\bm{e}_r - r\cos\theta\sin\theta\,\bm{e}_\theta$, (2) $r\bm{e}_r + z\bm{e}_z$, (3) $r\bm{e}_\theta$.

2.4 微分の変換

微分の変換則 後の章でスカラー場・ベクトル場に対する微分や積分の操作が登場する．そこで現れる定義や公式は，まず直交座標を用いて表現され

るが，具体的な問題に応用する際に極座標や球・円柱座標を使用したほうが便利なことがある．そこで，この節では直交座標の微分を含む式を他の座標で表現することを考える．

まずは，平面の直交座標 (x,y) から極座標 (r,θ) への変換である．r,θ 微分は x,y 微分を用いてそれぞれ

$$\begin{cases} \dfrac{\partial f}{\partial r} = \dfrac{\partial x}{\partial r}\dfrac{\partial f}{\partial x} + \dfrac{\partial y}{\partial r}\dfrac{\partial f}{\partial y} = \cos\theta\dfrac{\partial f}{\partial x} + \sin\theta\dfrac{\partial f}{\partial y}, \\ \dfrac{\partial f}{\partial \theta} = \dfrac{\partial x}{\partial \theta}\dfrac{\partial f}{\partial x} + \dfrac{\partial y}{\partial \theta}\dfrac{\partial f}{\partial y} = -r\sin\theta\dfrac{\partial f}{\partial x} + r\cos\theta\dfrac{\partial f}{\partial y} \end{cases} \quad (2.10)$$

と表すことができる．ここで f は x,y，すなわち r,θ の任意の関数である．(2.10) 式を導くために，微分の連鎖律および x,y と r,θ の関係 (2.2) 式を利用している．偏微分ではどの変数を一定にして微分するかに注意しなければならない．例えば $\dfrac{\partial x}{\partial r}$ については，x を一定にして r で微分すると考えると答えは 0 になるが，それは誤りである．r で微分するときには θ を一定に，θ で微分するときには r を一定に，x で微分するときには y を一定に，y で微分するときには x を一定に，という具合に，ある座標変数で微分するときには組になっているもう片方の座標変数を一定にする．したがって

$$\frac{\partial x}{\partial r} = \frac{\partial}{\partial r}(r\cos\theta) = \cos\theta \quad (2.11)$$

が正解である．さて，(2.10) 式は $\dfrac{\partial f}{\partial x}, \dfrac{\partial f}{\partial y}$ の連立 1 次方程式と見なせるので，それを解くと x, y 微分を r, θ 微分で表す公式

$$\begin{cases} \dfrac{\partial f}{\partial x} = \cos\theta\dfrac{\partial f}{\partial r} - \dfrac{1}{r}\sin\theta\dfrac{\partial f}{\partial \theta}, \\ \dfrac{\partial f}{\partial y} = \sin\theta\dfrac{\partial f}{\partial r} + \dfrac{1}{r}\cos\theta\dfrac{\partial f}{\partial \theta} \end{cases} \quad (2.12)$$

が導かれる．

【問題 2.29】 (1) $f = x$, (2) $f = x^2 + y^2$, (3) $f = \dfrac{y}{x}$ に対して (2.10) 式を確認せよ．

【解】 例えば (2) について．$f = x^2 + y^2 = r^2$, $\dfrac{\partial f}{\partial x} = 2x = 2r\cos\theta$, $\dfrac{\partial f}{\partial y} = 2y = 2r\sin\theta$．したがって $\dfrac{\partial f}{\partial r} = 2r$, $\cos\theta \dfrac{\partial f}{\partial x} + \sin\theta \dfrac{\partial f}{\partial y} = 2r\cos^2\theta + 2r\sin^2\theta = 2r$．また，$\dfrac{\partial f}{\partial \theta} = 0$, $-r\sin\theta \dfrac{\partial f}{\partial x} + r\cos\theta \dfrac{\partial f}{\partial y} = -2r^2\sin\theta\cos\theta + 2r^2\cos\theta\sin\theta = 0$．(1), (3) は略．

次に空間の球座標および円柱座標の微分の変換規則を以下の問題で導いてみよう．

【問題 2.30】 球座標について $\dfrac{\partial}{\partial x}, \dfrac{\partial}{\partial y}, \dfrac{\partial}{\partial z}$ と $\dfrac{\partial}{\partial r}, \dfrac{\partial}{\partial \theta}, \dfrac{\partial}{\partial \varphi}$ の関係を導け．

【解】
$$\begin{cases} \dfrac{\partial f}{\partial r} = \sin\theta\cos\varphi \dfrac{\partial f}{\partial x} + \sin\theta\sin\varphi \dfrac{\partial f}{\partial y} + \cos\theta \dfrac{\partial f}{\partial z}, \\ \dfrac{\partial f}{\partial \theta} = r\cos\theta\cos\varphi \dfrac{\partial f}{\partial x} + r\cos\theta\sin\varphi \dfrac{\partial f}{\partial y} - r\sin\theta \dfrac{\partial f}{\partial z}, \\ \dfrac{\partial f}{\partial \varphi} = -r\sin\theta\sin\varphi \dfrac{\partial f}{\partial x} + r\sin\theta\cos\varphi \dfrac{\partial f}{\partial y}. \end{cases} \quad (2.13)$$

【問題 2.31】 円柱座標について $\dfrac{\partial}{\partial x}, \dfrac{\partial}{\partial y}, \dfrac{\partial}{\partial z}$ と $\dfrac{\partial}{\partial r}, \dfrac{\partial}{\partial \theta}, \dfrac{\partial}{\partial z}$ の関係を導け．

【解】
$$\begin{cases} \dfrac{\partial f}{\partial r} = \cos\theta \dfrac{\partial f}{\partial x} + \sin\theta \dfrac{\partial f}{\partial y}, \\ \dfrac{\partial f}{\partial \theta} = -r\sin\theta \dfrac{\partial f}{\partial x} + r\cos\theta \dfrac{\partial f}{\partial y}, \\ \dfrac{\partial f}{\partial z} = \dfrac{\partial f}{\partial z}. \end{cases} \quad (2.14)$$

【問題 2.32】 $\dfrac{\partial^2 f}{\partial x^2}$ を円柱座標の微分で表せ．

【解】 問題 2.31 より $\dfrac{\partial f}{\partial x} = \cos\theta \dfrac{\partial f}{\partial r} - \dfrac{\sin\theta}{r}\dfrac{\partial f}{\partial \theta}$. ゆえに,

$$\begin{aligned}
\dfrac{\partial^2 f}{\partial x^2} &= \cos\theta \dfrac{\partial}{\partial r}\left(\cos\theta \dfrac{\partial f}{\partial r} - \dfrac{\sin\theta}{r}\dfrac{\partial f}{\partial \theta}\right) \\
&\quad - \dfrac{\sin\theta}{r}\dfrac{\partial}{\partial \theta}\left(\cos\theta \dfrac{\partial f}{\partial r} - \dfrac{\sin\theta}{r}\dfrac{\partial f}{\partial \theta}\right) \\
&= \cos^2\theta \dfrac{\partial^2 f}{\partial r^2} - \dfrac{2}{r}\cos\theta\sin\theta \dfrac{\partial^2 f}{\partial r \partial \theta} + \dfrac{\sin^2\theta}{r^2}\dfrac{\partial^2 f}{\partial \theta^2} \\
&\quad + \dfrac{\sin^2\theta}{r}\dfrac{\partial f}{\partial r} + 2\dfrac{\cos\theta\sin\theta}{r^2}\dfrac{\partial f}{\partial \theta}.
\end{aligned}$$

2.5 ベクトル値関数

ベクトル値関数の意味 ある変数に依存し，値がベクトル量になるような関数のことを**ベクトル値関数**と呼ぶ．例えば空中にボールを斜めに投げ上げたときのボールの運動を考えてみよう．このときボールの位置ベクトル $\boldsymbol{r}$, 速度ベクトル $\boldsymbol{v}$ や加速度ベクトル $\boldsymbol{a}$ は時間 t が進むとどんどん変化していく．すなわち，$\boldsymbol{r}, \boldsymbol{v}, \boldsymbol{a}$ は t のベクトル値関数 $\boldsymbol{r}(t), \boldsymbol{v}(t), \boldsymbol{a}(t)$ と見なすことができるのである．

また，速度は位置の時間変化率である．もちろん，ベクトル量に対しても時間変化率を考えることができ，$\boldsymbol{r}(t), \boldsymbol{v}(t)$ は微分の定義にしたがって，

$$\boldsymbol{v}(t) = \lim_{\Delta t \to 0} \dfrac{\boldsymbol{r}(t+\Delta t) - \boldsymbol{r}(t)}{\Delta t} \tag{2.15}$$

という関係にある．関数 $f(t)$ の微分を $\dfrac{df}{dt}$ あるいは $f'(t)$ と表すように，

$$\boldsymbol{v}(t) = \dfrac{d\boldsymbol{r}}{dt}(t) \quad \text{あるいは} \quad \boldsymbol{v}(t) = \boldsymbol{r}'(t) \tag{2.16}$$

と表す．

$\boldsymbol{r}(t), \boldsymbol{v}(t)$ はベクトル量であるので成分を持っている．xy 平面内の運動を考えると，$\boldsymbol{r}(t) = (x(t), y(t))$，$\boldsymbol{v}(t) = (u(t), v(t))$ という具合に成分表示することができる．もちろんベクトル量が t に依存するので成分も t に依存する．では，(2.16) 式の関係をベクトルの成分の関係で書き直すとどうなるのであろうか．この答えは，微分の定義 (2.15) 式に立ち戻って考えれば自然にわかる．すなわち，(2.15) 式を x, y 成分ごとに書き分けると，あるいは，$\boldsymbol{e}_x, \boldsymbol{e}_y$ と (2.15) 式の両辺との内積をとると

$$u(t) = \lim_{\Delta t \to 0} \frac{x(t + \Delta t) - x(t)}{\Delta t}, \qquad v(t) = \lim_{\Delta t \to 0} \frac{y(t + \Delta t) - y(t)}{\Delta t} \quad (2.17)$$

となる．したがって，

$$u(t) = x'(t), \qquad v(t) = y'(t) \quad (2.18)$$

となる．

【問題 2.33】 加速度ベクトル $\boldsymbol{a}(t)$ は，$\boldsymbol{v}(t)$ の 1 階微分で与えられる．このことから，$\boldsymbol{a}(t)$ を $\boldsymbol{r}(t)$ で表せ．また，各成分の関係はどうなるか．

【解】 $\boldsymbol{a}(t) = \boldsymbol{r}''(t)$．$\boldsymbol{a}(t) = (a_x(t), a_y(t))$ とすると，$a_x(t) = x''(t)$，$a_y(t) = y''(t)$．

【問題 2.34】 $|\boldsymbol{r}'(t)|$ を $x'(t)$ と $y'(t)$ で表せ．

【解】 $\boldsymbol{r}'(t) = (x'(t), y'(t))$ より $|\boldsymbol{r}'(t)| = \sqrt{x'(t)^2 + y'(t)^2}$．

【問題 2.35】 ω を定数として $\boldsymbol{r}(t) = (\cos \omega t, \sin \omega t)$ とする．
 (1) $\boldsymbol{r}(t)$ はどのような運動を表しているか．
 (2) $\boldsymbol{v}(t), \boldsymbol{a}(t)$ を求め，それぞれの向きと $\boldsymbol{r}(t)$ との関係を述べよ．

【解】
 (1) 原点を中心とする半径 1 の円上を，角速度 ω で反時計回りに回転する運動．

(2) $v(t) = (-\omega \sin \omega t, \omega \cos \omega t)$, $a(t) = (-\omega^2 \cos \omega t, -\omega^2 \sin \omega t)$. したがって，$v(t) \perp r(t)$, $a(t) // r(t)$.

ベクトル値関数の微分則　関数の和・積の微分があるように，ベクトル値関数の和や内積・外積の微分も当然存在する．以降でしばしば用いられる和・積の微分則を以下にまとめておく．ただし，$a(t), b(t)$ はベクトル値関数，$p(t)$ はスカラー値関数である．これらの式はもちろん $a(t), b(t)$ が 2 次元のベクトルであろうが 3 次元のベクトルであろうが通用する（ただし，(2.22) 式は 3 次元ベクトルのみ）．

$$(a(t) + b(t))' = a'(t) + b'(t), \tag{2.19}$$

$$(p(t)a(t))' = p'(t)a(t) + p(t)a'(t), \tag{2.20}$$

$$(a(t) \cdot b(t))' = a'(t) \cdot b(t) + a(t) \cdot b'(t), \tag{2.21}$$

$$(a(t) \times b(t))' = a'(t) \times b(t) + a(t) \times b'(t), \tag{2.22}$$

$$(a(p(t)))' = p'(t)a'(p(t)). \tag{2.23}$$

【問題 2.36】　上の (2.19)–(2.23) 式を証明せよ．

【解】　例えば (2.22) 式を証明する．$a(t) \times b(t)$ の x 成分は $a_y(t)b_z(t) - a_z(t)b_y(t)$．したがって，$(a(t) \times b(t))'$ の x 成分は $a_y'(t)b_z(t) - a_z'(t)b_y(t) + a_y(t)b_z'(t) - a_z(t)b_y'(t)$．これは右辺の x 成分と一致する．y 成分, z 成分についても同様．他の式については略．

【問題 2.37】　$a(t) = (t^2, 0, t), b(t) = (1, -t, t), p(t) = t^2$ とする．(2.19)–(2.23) 式の左辺と右辺が一致することを確認せよ．

【解】　(2.19)–(2.23) 式の値はそれぞれ $(2t, -1, 2), (4t^3, 0, 3t^2), 4t, (2t, 1 - 3t^2, -3t^2), (4t^3, 0, 2t)$ となり，左辺と右辺は一致する．

【問題 2.38】

(1) $(a(t) \cdot a(t))'$ を計算せよ．

2.5 ベクトル値関数　57

(2) $|\boldsymbol{a}(t)| = c$（定数）とする．このとき $\boldsymbol{a}(t) \neq \boldsymbol{0}$, $\boldsymbol{a}'(t) \neq \boldsymbol{0}$ ならば両者は互いに垂直であることを示せ．

【解】 (1) $2\boldsymbol{a}(t) \cdot \boldsymbol{a}'(t)$.

(2) $\boldsymbol{a}(t) \cdot \boldsymbol{a}(t) = |\boldsymbol{a}(t)|^2 = c^2$. したがって，$(\boldsymbol{a}(t) \cdot \boldsymbol{a}(t))' = 0$. (1) より $\boldsymbol{a}(t) \perp \boldsymbol{a}'(t)$.

【問題 2.39】 $\boldsymbol{r}(t)$ を空間内の位置ベクトルとし，その運動が t を時間とする運動方程式

$$\boldsymbol{r}''(t) = -\boldsymbol{r}(t) \tag{2.24}$$

に従うとする．$\boldsymbol{r}(t) \times \boldsymbol{r}'(t)$ が時間によって変わらないことを示せ．

【解】 (2.22) 式より，

$$(\boldsymbol{r}(t) \times \boldsymbol{r}'(t))' = \boldsymbol{r}'(t) \times \boldsymbol{r}'(t) + \boldsymbol{r}(t) \times \boldsymbol{r}''(t)$$
$$= \boldsymbol{r}(t) \times \boldsymbol{r}''(t) = \boldsymbol{r}(t) \times (-\boldsymbol{r}(t)) = \boldsymbol{0}.$$

上の $\boldsymbol{r}(t) \times \boldsymbol{r}'(t)$ は第 0 章でふれた**面積速度**と呼ばれる量（の 2 倍）である．

多変数関数の微分の連鎖律 さて，xy 平面上にスカラー場 f が与えられているとしよう．スカラー場であるから f は位置ベクトル $\boldsymbol{r} = (x,y)$ に依存する．依存関係を明示するには $f(x,y)$ という具合に成分を明示する場合と $f(\boldsymbol{r})$ という具合にベクトルを引数にする場合があるが，本書では場合に応じて使い分けることにする．さて，xy 平面上を移動しながらこのスカラー場を計測していく状況を想定しよう．時間を t とすると位置ベクトルの時間変化は $\boldsymbol{r}(t) = (x(t), y(t))$ と表すことができる．すると計測された f の値は，$f(x(t), y(t))$ となる．

時刻 t を指定すると $x(t), y(t)$ が定まり，したがって f の値が定まる．つまり計測された f の値は t の関数と見なすことができる．この f の時間微分を計算してみよう．

$$\begin{aligned}
\frac{d}{dt}f(x(t),y(t)) &= \lim_{\Delta t \to 0} \frac{1}{\Delta t}\{f(x(t+\Delta t),y(t+\Delta t)) - f(x(t),y(t))\} \\
&= \lim_{\Delta t \to 0} \frac{1}{\Delta t}\{f(x(t+\Delta t),y(t+\Delta t)) - f(x(t),y(t+\Delta t)) \\
&\qquad + f(x(t),y(t+\Delta t)) - f(x(t),y(t))\} \\
&= \lim_{\Delta t \to 0} \frac{f(x(t+\Delta t),y(t+\Delta t)) - f(x(t),y(t+\Delta t))}{x(t+\Delta t) - x(t)} \\
&\qquad \cdot \frac{x(t+\Delta t) - x(t)}{\Delta t} \\
&\quad + \lim_{\Delta t \to 0} \frac{f(x(t),y(t+\Delta t)) - f(x(t),y(t))}{y(t+\Delta t) - y(t)} \cdot \frac{y(t+\Delta t) - y(t)}{\Delta t} \\
&= \frac{\partial f}{\partial x}\frac{dx}{dt} + \frac{\partial f}{\partial y}\frac{dy}{dt}. \qquad (2.25)
\end{aligned}$$

上式は微分の連鎖律の多変数版である．さらに上式の右辺はベクトル $\left(\dfrac{\partial f}{\partial x}, \dfrac{\partial f}{\partial y}\right)$ とベクトル $\dfrac{d\boldsymbol{r}}{dt} = \left(\dfrac{dx}{dt}, \dfrac{dy}{dt}\right)$ の内積の形をしている．

【問題 2.40】 $f(x,y) = xy$, $x(t) = e^t$, $y(t) = t$ とするとき，(2.25) 式の左辺を直接計算した答えと連鎖律を用いて計算した答えが一致することを確かめよ．

【解】 $\dfrac{df}{dt} = \dfrac{d}{dt}(te^t) = (1+t)e^t \cdot \dfrac{\partial f}{\partial x}\dfrac{dx}{dt} + \dfrac{\partial f}{\partial y}\dfrac{dy}{dt} = ye^t + x = (1+t)e^t$.

2.6 曲線の接線ベクトルと曲面の法線ベクトル

曲線や曲面上の各点でその曲線・曲面がどの方向を向いているかを知るには，接線ベクトル・法線ベクトルを計算すればよい．すなわちこれらのベクトルは曲線・曲面に対する幾何学的な情報を与えてくれる．また，次章より曲線・曲面上での積分というベクトル解析で重要となる計算について説明するが，そこにも接線・法線ベクトルがしばしば登場する．そこで，この節で

は曲線の接線ベクトルと曲面の法線ベクトルについて説明しよう．

曲線のパラメータ表示　　まず最初に，平面内の曲線について述べる．曲線を表現する方法としてパラメータを用いた表示

$$\boldsymbol{r}(t) = (x(t), y(t)) \tag{2.26}$$

がある．ここで $\boldsymbol{r}(t)$ は曲線上の点の位置ベクトルを表す．パラメータ t はとくに範囲を断らなければ $-\infty$ から ∞ の範囲を動くとする．なお，曲線が $y = f(x)$ という具合に x 座標と y 座標の関係で与えられた場合は，$x(t) = t, y(t) = f(t)$ とおくことにより，ただちに $\boldsymbol{r}(t) = (t, f(t))$ というパラメータ表示の形に変更することができる．

【問題 2.41】　　(1) $\boldsymbol{r}(t) = (t, t^2)$, (2) $\boldsymbol{r}(t) = (\cos t, \sin t)$ はそれぞれどのような曲線を表すか．

【解】　　(1) 放物線 $y = x^2$, (2) 円 $x^2 + y^2 = 1$.

曲線の接線ベクトル　　t_0 を任意のパラメータ値としたとき，曲線上の点 P : $\boldsymbol{r}(t_0)$ における接線は以下のようにして得られる．まず，t_0 に近いパラメータ値 t_1 をとり，図 2.19 のように点 P の近傍にある曲線上の点 Q : $\boldsymbol{r}(t_1)$ をとる．さらに 2 点 P, Q を結んだ直線を考え，t_1 を t_0 に近づけることによって Q を P に近づけていく．$t_1 \to t_0$ の極限を考えると，そのときの直線 PQ が点 P における接線となる．さらに，接線と同じ向きを持ったベクトルを**接線ベクトル** (tangent vector) と呼ぶ．そのベクトルを単位ベクトルになおしたものを**単位接線ベクトル**と呼び，tangent の頭文字をとって記号 $\boldsymbol{t}$ で表すことが多い．図 2.19 の点 P と Q を結ぶ直線の方向ベクトルは $\boldsymbol{r}(t_1) - \boldsymbol{r}(t_0)$ で与えられる．このベクトルを $t_1 - t_0$ で割ったベクトル $\dfrac{\boldsymbol{r}(t_1) - \boldsymbol{r}(t_0)}{t_1 - t_0}$ も向きは同じである．よって接線の方向ベクトルは

$$\lim_{t_1 \to t_0} \frac{\boldsymbol{r}(t_1) - \boldsymbol{r}(t_0)}{t_1 - t_0} = \boldsymbol{r}'(t_0) \tag{2.27}$$

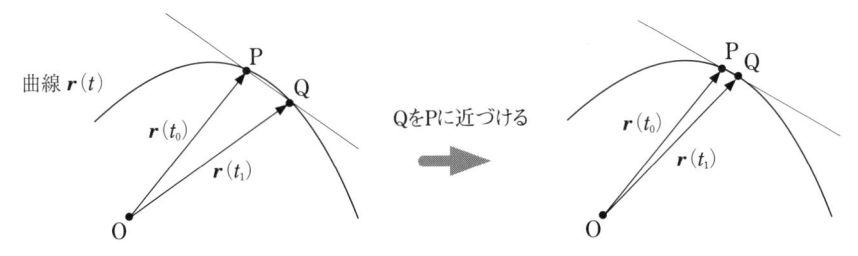

図 2.19 曲線の接線

で与えられる．したがって単位接線ベクトルは

$$\boldsymbol{t} = \frac{\boldsymbol{r}'(t_0)}{|\boldsymbol{r}'(t_0)|} \tag{2.28}$$

となる．ただし，$-\boldsymbol{t}$ も向きが $\boldsymbol{t}$ と逆の単位接線ベクトルであることに注意してほしい．

【問題 2.42】 曲線 (1) $\boldsymbol{r}(t) = (t, t^2)$，(2) $\boldsymbol{r}(t) = (\cos t, \sin t)$ の $\boldsymbol{r}(t_0)$ での単位接線ベクトルを求めよ．

【解】 (1) $\left(\dfrac{1}{\sqrt{1+4t_0^2}}, \dfrac{2t_0}{\sqrt{1+4t_0^2}} \right)$，(2) $(-\sin t_0, \cos t_0)$．

【問題 2.43】 曲線 $\boldsymbol{r}(t) = (\cos 2t, \sin t)$ の $t = \dfrac{\pi}{3}$ における接線の式を求めよ．

【解】 まず，接点 $\boldsymbol{r}\left(\dfrac{\pi}{3}\right) = \left(-\dfrac{1}{2}, \dfrac{\sqrt{3}}{2}\right)$ を通り，方向ベクトルが $\boldsymbol{r}'\left(\dfrac{\pi}{3}\right) = \left(-\sqrt{3}, \dfrac{1}{2}\right)$ の直線であるので，接線の式は $-\dfrac{x+1/2}{\sqrt{3}} = 2\left(y - \dfrac{\sqrt{3}}{2}\right)$ となる．

空間曲線の接線ベクトル 空間曲線はパラメータ表示で

$$\boldsymbol{r}(t) = (x(t), y(t), z(t)) \tag{2.29}$$

2.6 曲線の接線ベクトルと曲面の法線ベクトル

と表すことができる．そして，平面曲線と同様に点 $r(t_1)$ と点 $r(t_0)$ を結ぶ直線の $t_1 \to t_0$ の極限で接線が得られる．したがって単位接線ベクトル t は (2.28) 式の $r(t)$ に (2.29) 式を用いるだけで計算することができる．

【問題 2.44】 (1) $r(t) = (t, t^2, 1)$, (2) $r(t) = (\cos t, 0, \sin t)$, (3) $r(t) = (\cos t, \sin t, t)$ はそれぞれどのような曲線を表しているか．また，$r(t_0)$ での単位接線ベクトルを求めよ．

【解】 (1) 平面 $z = 1$ 上の放物線 $y = x^2$, $t = \left(\dfrac{1}{\sqrt{1+4t_0^2}}, \dfrac{2t_0}{\sqrt{1+4t_0^2}}, 0 \right)$.

(2) 原点を中心とし xz 平面内にある半径 1 の円，$t = (-\sin t_0, 0, \cos t_0)$.

(3) らせん（図 2.20 参照），$t = \left(-\dfrac{\sin t_0}{\sqrt{2}}, \dfrac{\cos t_0}{\sqrt{2}}, \dfrac{1}{\sqrt{2}} \right)$.

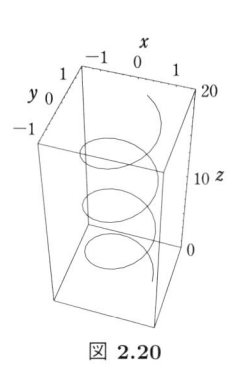

図 2.20

曲面のパラメータ表示 次に，曲面の法線ベクトルについて述べる．まず曲面は曲線よりも次元が 1 つ高い図形であるので，パラメータ表示には 2 つのパラメータを必要とする．空間内の曲面のパラメータ表示の一般形は，

$$r(s,t) = (x(s,t), y(s,t), z(s,t)) \tag{2.30}$$

である．ここで，s, t はパラメータ，r は曲面上の点の位置ベクトル，x, y, z はその成分である．s, t は $-\infty$ から ∞ の範囲を動くこともあれば，有限の範囲を持つこともある．なお，本書では，とくに指示がなければ $-\infty$ から ∞ の範囲を動くとする．

【問題 2.45】 (1) $r(s,t) = (s, t, 1)$, (2) $r(s,t) = (s, t, 1-s-2t)$, (3) $r(s,t) = (\sin s \cos t, \sin s \sin t, \cos s)$ $\left(0 \leq s \leq \dfrac{\pi}{2}, 0 \leq t < 2\pi \right)$ はそれぞれどのような曲面を表しているか．

【解】 (1) 平面 $z=1$, (2) 平面 $x+2y+z=1$, (3) 原点を中心とする半径 1 の球面の $z\geq 0$ の部分.

【問題 2.46】 次の曲面をパラメータ表示で表せ. (1) 平面 $2x-y+z=5$, (2) 原点を中心とする半径 2 の球面, (3) z 軸を中心軸とする半径 1 の円筒.

【解】 解答はいく通りもあり, 以下は例である. (1) $(s,t,5-2s+t)$,
(2) $(2\sin s\cos t, 2\sin s\sin t, 2\cos s)$ $(0\leq s\leq\pi, 0\leq t<2\pi)$,
(3) $(\cos s, \sin s, t)$ $(0\leq s<2\pi)$.

曲面の法線ベクトル では, s_0, t_0 を任意のパラメータ値としたとき, 曲面上の点 $P:\boldsymbol{r}(s_0,t_0)$ において曲面に垂直な**法線ベクトル**を計算するにはどうすればよいであろうか. まず, 図 2.21 (a) のように s を自由に動かしたときに $\boldsymbol{r}(s,t_0)$ が描く曲線 ℓ と, t を自由に動かしたときに $\boldsymbol{r}(s_0,t)$ が描く曲

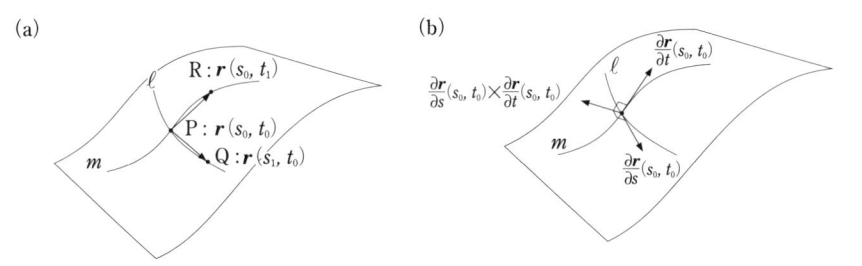

図 **2.21** (a) 曲面上の曲線 ℓ, m と点 P, Q, R, (b) 接線ベクトルと法線ベクトル

線 m を考える. ℓ, m はともに曲面上にあり, 点 P を通ることは明らかである. 次に, s_1, t_1 をそれぞれ s_0, t_0 に近い値とし, 図のように点 P の近傍の点 $Q:\boldsymbol{r}(s_1,t_0), R:\boldsymbol{r}(s_0,t_1)$ を考える. 点 Q, R はそれぞれ曲線 ℓ, m の上にある. さらにベクトル $\boldsymbol{u}=\dfrac{1}{s_1-s_0}\overrightarrow{PQ}$, $\boldsymbol{v}=\dfrac{1}{t_1-t_0}\overrightarrow{PR}$ を考える. $s_1\to s_0$ の極限で $\boldsymbol{u}$ が曲線 ℓ の, $t_1\to t_0$ の極限で $\boldsymbol{v}$ が曲線 m の点 P における接線ベクトルにそれぞれ収束することは明らかである. こうして, 点 P における曲面の接線ベクトルが 2 つ得られ, それぞれ

$$\lim_{s_1 \to s_0} \frac{\boldsymbol{r}(s_1, t_0) - \boldsymbol{r}(s_0, t_0)}{s_1 - s_0} = \frac{\partial \boldsymbol{r}}{\partial s}(s_0, t_0) , \tag{2.31}$$

$$\lim_{t_1 \to t_0} \frac{\boldsymbol{r}(s_0, t_1) - \boldsymbol{r}(s_0, t_0)}{t_1 - t_0} = \frac{\partial \boldsymbol{r}}{\partial t}(s_0, t_0) \tag{2.32}$$

となる．法線ベクトルはこれら2つの接線ベクトルに垂直なベクトルであるから，

$$\frac{\partial \boldsymbol{r}}{\partial s}(s_0, t_0) \times \frac{\partial \boldsymbol{r}}{\partial t}(s_0, t_0) \tag{2.33}$$

が点Pにおける**法線ベクトル** (normal vector) である．結局，$\frac{\partial \boldsymbol{r}}{\partial s}(s_0, t_0)$, $\frac{\partial \boldsymbol{r}}{\partial t}(s_0, t_0)$, $\frac{\partial \boldsymbol{r}}{\partial s}(s_0, t_0) \times \frac{\partial \boldsymbol{r}}{\partial t}(s_0, t_0)$ の3つのベクトルは図2.21 (b) のような関係になる．この法線ベクトルを単位ベクトルになおしたベクトルを**単位法線ベクトル**と呼び，記号 $\boldsymbol{n}$ で表すことが多い．したがって，

$$\boldsymbol{n} = \frac{\dfrac{\partial \boldsymbol{r}}{\partial s}(s_0, t_0) \times \dfrac{\partial \boldsymbol{r}}{\partial t}(s_0, t_0)}{\left|\dfrac{\partial \boldsymbol{r}}{\partial s}(s_0, t_0) \times \dfrac{\partial \boldsymbol{r}}{\partial t}(s_0, t_0)\right|} \tag{2.34}$$

となる．ただし，$-\boldsymbol{n}$ も $\boldsymbol{n}$ と向きが逆の単位法線ベクトルであることに注意してほしい．

【問題 2.47】 曲面 (1) $\boldsymbol{r}(s,t) = (s, t, 0)$, (2) $\boldsymbol{r}(s,t) = (s, t, 3-s+t)$, (3) $\boldsymbol{r}(s,t) = (s, t, st)$, (4) $\boldsymbol{r}(s,t) = (\cos s, \sin s, t)$ の $\boldsymbol{r}(0,0)$ における単位法線ベクトル $\boldsymbol{n}$ を求めよ．

【解】 (1) $(0,0,1)$, (2) $\left(\dfrac{1}{\sqrt{3}}, -\dfrac{1}{\sqrt{3}}, \dfrac{1}{\sqrt{3}}\right)$, (3) $(0,0,1)$, (4) $(1,0,0)$.

【問題 2.48】 曲面 $\boldsymbol{r}(s,t) = (s, t, e^{s-t})$ 上の点 $\boldsymbol{r}(1,0)$ において，この曲面に接する平面（接平面）の式を求めよ．

【解】 $\boldsymbol{r}(1,0) = (1,0,e)$, $\dfrac{\partial \boldsymbol{r}}{\partial s}(1,0) \times \dfrac{\partial \boldsymbol{r}}{\partial t}(1,0) = (-e, e, 1)$. よって $-ex + ey + z = 0$.

章末問題

[2.1] 平面上のスカラー場 (1) $y - x^2$, (2) $\sin(x^2 + y^2 - 1)$ の，値が 0 の等位線はどのような曲線になるか．

[2.2] 以下のベクトル場を描け．
(1) $(x, -x)$, (2) $(x, -y)$, (3) $(1, \cos x)$.

[2.3] 円柱座標で表された空間内のスカラー場 (1) $r\cos\theta$, (2) $r - z^2$ の，値が 1 の等位面を描け．

[2.4] $\dfrac{\partial^2}{\partial x^2} + \dfrac{\partial^2}{\partial y^2}$ を極座標 r, θ およびその微分 $\dfrac{\partial}{\partial r}, \dfrac{\partial}{\partial \theta}$ で表せ．

[2.5] (1) $(\boldsymbol{a}(t) \times \boldsymbol{b}(t))''$, (2) $(\boldsymbol{a}(p(t)))''$ を計算せよ．

[2.6] 質点につねに同じ力が働くときの運動方程式は $m\dfrac{d^2\boldsymbol{r}}{dt^2} = \boldsymbol{f}$ となる．ただし，m は質点の質量，$\boldsymbol{r}(t)$ は時刻 t における質点の位置ベクトル，$\boldsymbol{f}$ は一定の力を表す定ベクトルである．この方程式の解 $\boldsymbol{r}(t)$ を求めよ．

[2.7] 球座標について，$\boldsymbol{e}_r, \boldsymbol{e}_\theta, \boldsymbol{e}_\varphi$ のそれぞれを r, θ, φ で微分した結果をふたたび $\boldsymbol{e}_r, \boldsymbol{e}_\theta, \boldsymbol{e}_\varphi$ で表せ．

[2.8] 平面曲線 $(e^t \cos t, e^t \sin t)$ について以下の問いに答えよ．
(1) この曲線の概形を描け．
(2) この曲線上の任意の点を極座標で表したとき，r と θ の関係を求めよ．
(3) $t = \dfrac{\pi}{3}$ における接線の式を求めよ．また，単位接線ベクトルを $\boldsymbol{e}_x, \boldsymbol{e}_y$ および $\boldsymbol{e}_r, \boldsymbol{e}_\theta$ で表せ．

[2.9] 曲面 $(3\sin\theta\cos\varphi, 2\sin\theta\sin\varphi, \cos\theta)$ $(0 \leq \theta \leq \pi, 0 \leq \varphi < 2\pi)$ について以

下の問いに答えよ．
(1) この曲面の概形を描け．
(2) $\theta = \dfrac{\pi}{3}$, $\varphi = \dfrac{\pi}{4}$ における点で，この曲面に接するベクトルの一般形を求めよ．
(3) (2) と同じ点での法線ベクトルを求めよ．

第3章
線積分

　微分では局所的な情報しかわからないが，積分では領域全体の情報を知ることができる．何事においても全体を見渡せるようになれば一人前である．この章から始まる3つの章でじっくり積分を学んでいこう．まずは1次元図形である曲線の上での積分である．

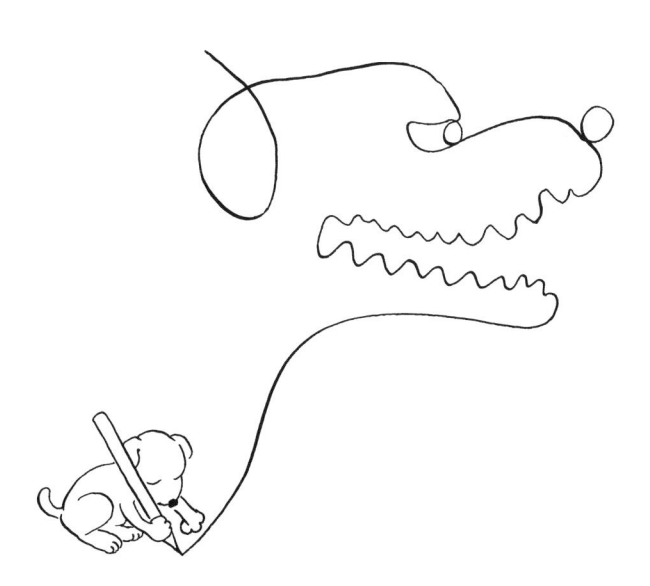

3.1 積分の考え方

区分求積法　空間内あるいは平面内の適当な領域を考える．この領域自身の幾何学的な量，例えば領域の体積や周囲の長さを計算することができればたいへん便利である．また，その領域が水や電荷でみたされているとすると，その領域に含まれる水全体の質量や電荷の総量も計算することができる．この章から始まる 3 つの章で，そのような量を計算するための基本的な道具である積分についてくわしく解説する．本節では，まず 1 変数の積分の定義とその意味について復習しておこう．

まず，ある関数 $f(x)$ が与えられているとする．この関数を区間 $a \leq x \leq b$ で積分した値 $\int_a^b f(x)dx$ は，図 3.1 (a) に示すように，$y = f(x)$ のグラフ，x 軸，直線 $x = a$ および $x = b$ で囲まれた領域の面積に等しい．この値は区分求積法により以下のように定義することができる．いま，図 3.1 (b) に示すよ

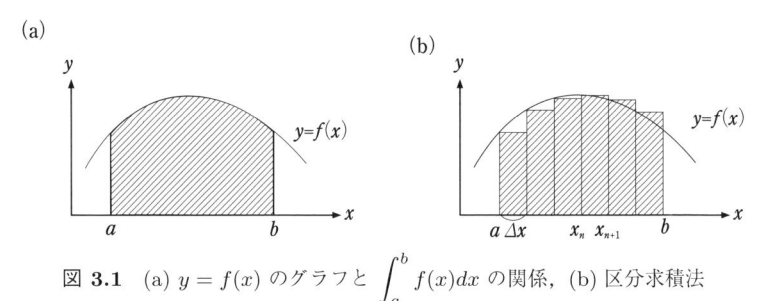

図 **3.1**　(a) $y = f(x)$ のグラフと $\int_a^b f(x)dx$ の関係，(b) 区分求積法

うに，区間 $[a, b]$ を N 等分して小区間に分ける．各小区間の幅を $\Delta x = \dfrac{b-a}{N}$ とし，小区間の境界となる x 座標を $x_n = a + n\Delta x$ $(n = 0, 1, \cdots, N)$ とする．そして小区間 $[x_n, x_{n+1}]$ において，高さが $f(x_n)$ であり幅が小区間の幅，すなわち Δx に等しいような短冊を考える．図 3.1 (a) と (b) を比べれば明らかなように，すべての小区間で定義された短冊の面積の総和（図 3.1 (b) の斜線部分）

$$\sum_{n=0}^{N-1} f(x_n)\Delta x \tag{3.1}$$

は，積分値 $\int_a^b f(x)dx$ を近似している．もし，元の区間 $[a,b]$ をもっと細かく分割すれば近似の度合いはますますよくなっていく．

区分求積法では，この考え方を極限まで推し進めて，

$$\int_a^b f(x)dx = \lim_{N\to\infty}\sum_{n=0}^{N-1} f(x_n)\Delta x \tag{3.2}$$

とする．$N \to \infty$ の極限で，短冊の面積の総和が，求めたい $f(x)$ のグラフの面積に一致することは直観的に明らかであろう．この定義は，以降の節でいろいろな積分値を計算する際の基本的な考え方を示している．すなわち，まず領域を小区間に分割し，各小区間で積分値への寄与分を計算する．そして，それら寄与の合計を求め，さらに，分割を無限に細かくした極限における寄与の合計の収束値を計算すればよいのである．(3.2) 式左辺の積分がこの手続きを反映した表現になっている．すなわち，$f(x)dx$ は，各 x において関数値 $f(x)$ と x のまわりの微小区間の幅 dx をかけることを意味しており，記号 $\int_a^b$ は，その値を区間 a から b までのすべての微小区間で和をとることを意味している．

【**問題 3.1**】　(1) $\int_0^1 x dx$, (2) $\int_0^1 e^x dx$ の値を (3.2) 式の右辺を用いて計算し，原始関数を用いて計算した答えと一致することを確認せよ．

【**解**】　(1) $\displaystyle\lim_{N\to\infty}\sum_{j=0}^{N-1}\frac{j}{N}\cdot\frac{1}{N} = \lim_{N\to\infty}\frac{1}{N^2}\cdot\frac{1}{2}N(N-1) = \frac{1}{2}$,

(2) $\displaystyle\lim_{N\to\infty}\sum_{j=0}^{N-1}e^{\frac{j}{N}}\cdot\frac{1}{N} = \lim_{N\to\infty}\frac{e-1}{N(e^{\frac{1}{N}}-1)} = \frac{e-1}{\displaystyle\lim_{x\to 0}\frac{e^x-1}{x}} = e-1.$

3.2 曲線の長さ

曲線の長さの求め方　この節では，平面あるいは空間内での曲線を考え，曲線の長さや曲線上で定義される物理量の総和を計算するための積分について説明する．まず最初に，平面内の曲線の長さを積分によって計算してみよう．例えば，図 3.2 (a) のように xy 平面内にパラメータで定義された曲線

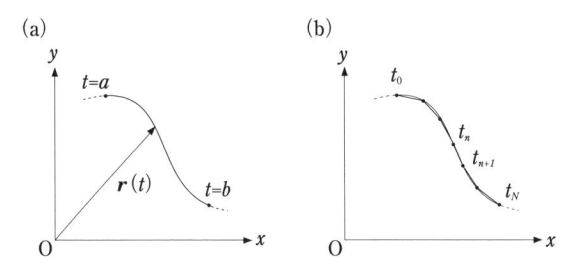

図 **3.2**　(a) $t=a$ から $t=b$ までの曲線部分，(b) N 分割した点を結んで得られる折れ線

$\boldsymbol{r}(t) = (x(t), y(t))$ の $t=a$ から $t=b$ までの部分（$a<b$ とする）を考える．ここで，$x(t), y(t)$ はそれぞれ t の適当な関数であり，$\boldsymbol{r}(t)$ は曲線の位置ベクトルを表す．この曲線部分の長さを計算することにしよう．

曲線に直接巻き尺をあてるわけにはいかない．しかし，われわれは与えられた2点間の直線距離を計算することができる．そこで，前節で述べた区分求積法のように曲線を分割してみよう．例えば図 3.2 (b) のようにパラメータ t の区間 $[a,b]$ を N 等分し，曲線を N 個の小部分に分割する．ただし，$\Delta t = \dfrac{b-a}{N}$ とし，分割の境界の点での t の値をそれぞれ $t_n = a + n\Delta t$ ($n=0,1,\cdots,N$) とする．そして，分割の境界の点 $(x(t_n), y(t_n))$ を順に線分で結ぶ．すると，図からも明らかなように，すべての線分の長さの和

$$\sum_{n=0}^{N-1} \sqrt{(x(t_{n+1}) - x(t_n))^2 + (y(t_{n+1}) - y(t_n))^2} \tag{3.3}$$

は曲線の長さの近似になっている．分割をどんどん細かくすると上の量は曲線の長さにだんだん近づいていき，極限では一致するはずである．すなわち，

$$\text{曲線の長さ} = \lim_{N \to \infty} \sum_{n=0}^{N-1} \sqrt{(x(t_{n+1}) - x(t_n))^2 + (y(t_{n+1}) - y(t_n))^2} \tag{3.4}$$

という関係が導かれる．しかしながら，この式のままでは和を計算して極限をとらなければならず，実際に計算するには不便である．そこで，以下のようにして上式を積分の式に変換する．

まず，曲線が十分なめらかで分割が十分細かいと，テイラー展開（付録参照）より

$$x(t_{n+1}) - x(t_n) = x(t_n + \Delta t) - x(t_n) = x'(t_n)\Delta t + O(\Delta t^2) \tag{3.5}$$

となる．$y(t)$ にも同様の操作を施し，(3.4) 式右辺の $\sqrt{}$ の部分に代入すると，

$$\sqrt{(x(t_{n+1}) - x(t_n))^2 + (y(t_{n+1}) - y(t_n))^2} \\ = \sqrt{x'(t_n)^2 + y'(t_n)^2}\Delta t + O(\Delta t^2) \tag{3.6}$$

となる．(3.4) 式では $N \to \infty$，すなわち $\Delta t \to 0$ の極限を考えているので，(3.6) 式右辺の $O(|\Delta t|^2)$ の項は無視でき，結局

$$\text{曲線の長さ} = \int_a^b \sqrt{x'(t)^2 + y'(t)^2}\,dt \tag{3.7}$$

となる．この式が，曲線の長さを求めるための積分による公式である．積分中の $\sqrt{x'(t)^2 + y'(t)^2}$ は $|\boldsymbol{r}'(t)|$ に等しいので (3.7) 式は

$$\text{曲線の長さ} = \int_a^b |\boldsymbol{r}'(t)|\,dt \tag{3.8}$$

としてもよい．

【問題 3.2】 直線 $(3t, 4t-1)$ の $0 \leq t \leq 2$ の部分の長さを求めよ．

【解】 $\int_0^2 5\, dt = 10.$

【問題 3.3】 曲線 $(\cos t, \sin t)$ の $0 \leq t \leq \pi$ の部分の長さを求めよ．

【解】 $\int_0^\pi dt = \pi.$

【問題 3.4】 $y = f(x)$ の形で与えられている曲線の $a \leq x \leq b$ の部分の長さを求める公式を導け．

【解】 曲線 $y = f(x)$ はパラメータ表示で $(t, f(t))$ と表すことができる．これを (3.7) 式に代入すると，

$$\text{曲線の長さ} = \int_a^b \sqrt{1 + f'(t)^2}\, dt$$

となる（式中の t を x に書き換えてもよい）．

空間曲線の長さ 空間曲線の長さを求める公式も，平面曲線の場合と同様にして得られる．導出の過程は省略して，ここでは結果のみを記しておく．xyz 空間中の空間曲線がパラメータ表示で $\boldsymbol{r}(t) = (x(t), y(t), z(t))$ と表されているとし，$a \leq t \leq b$ の範囲の曲線部分の長さを求める場合の公式は，

$$\text{曲線の長さ} = \int_a^b \sqrt{x'(t)^2 + y'(t)^2 + z'(t)^2}\, dt = \int_a^b |\boldsymbol{r}'(t)|\, dt \quad (3.9)$$

となる．

【問題 3.5】 直線 $(t, 2t-1, 3t-2)$ の $0 \leq t \leq 1$ の部分の長さを求めよ．

【解】 $\int_0^1 \sqrt{14}\, dt = \sqrt{14}.$

【問題 3.6】 曲線 $(\cos t, \sin t, t)$ の $0 \leq t \leq 10$ の部分の長さを求めよ．

【解】 $\displaystyle\int_0^{10} \sqrt{2}\,dt = 10\sqrt{2}.$

線素 さて，(3.8), (3.9) 式中の $|\boldsymbol{r}'(t)|dt$ は，曲線上の点 $\boldsymbol{r}(t)$ と点 $\boldsymbol{r}(t+dt)$ ではさまれた微小部分の長さに等しかった．この微小部分の長さ自身は ds と表すことが多く，**線素**と呼ばれる．つまり，

$$ds = |\boldsymbol{r}'(t)|dt \tag{3.10}$$

となる．曲線の長さは線素の曲線全体にわたる和を求めればよい．すなわち，曲線に C という名前を付ければ，

$$\text{曲線の長さ} = \int_C ds$$

となる．この線素 ds も以下でしばしば用いるので頭に入れておいてほしい．

3.3 線積分

金属線の質量　次に，曲線に沿って関数を積分する線積分について説明しよう．最初は具体例から始める．いま，平面内の曲線 $(x(t), y(t))$ が細い金属の線を表しているとしよう．この金属線の線密度，すなわち単位長さあたりの質量が ρ であるとする．ρ の値は金属線の場所によって変化するとしよう．このときの $t=a$ から $t=b$ $(a<b)$ までの金属線の部分（C と名づけよう）の全質量を計算してみる．

もし密度が一定ならば，金属線の長さを計算し，その値に密度をかければ全質量が計算できる．しかし，いまは位置によって密度が異なるのでそうはいかない．そこで，金属線を無限に細かく分割してそれぞれの部分の質量を求め，それら質量の合計を求めれば全質量が計算できる．すなわち，各微小部分での密度 ρ と線素 ds との積 ρds の和を全領域にわたってとればよい．この操作を積分を用いて表すと

$$\text{金属線の全質量} = \int_C \rho \, ds \tag{3.11}$$

となる．さらに，この積分をパラメータ t で表すには，ds と dt の関係式 (3.10) を用いて，

$$\text{金属線の全質量} = \int_a^b \rho \, |\boldsymbol{r}'(t)| \, dt \tag{3.12}$$

となる．

【問題 3.7】 金属線 $(t, 2t+1)$ の $0 \leq t \leq 2$ の部分で $\rho = t^2 + 1$ とする．この部分の質量を求めよ．

【解】 $|\boldsymbol{r}'(t)| = \sqrt{5}$. 質量は $\int_0^2 (t^2+1)\sqrt{5}\,dt = \dfrac{14}{3}\sqrt{5}$.

【問題 3.8】 金属線 $(\cos t, \sin t, t)$ の $0 \leq t \leq \pi$ の部分で $\rho = 2 + \sin t$ とする．この部分の質量を求めよ．

【解】 $\int_0^\pi (2 + \sin t)\sqrt{2}\,dt = 2\sqrt{2}(1+\pi)$.

線積分 (3.11) 式あるいは (3.12) 式は，曲線上で定義された何らかの関数を，ある範囲で積分する形をしている．一般に，曲線（部分）C 上の位置に依存する適当な関数 f に対して，

$$\int_C f \, ds \tag{3.13}$$

の形の積分を曲線 C に沿っての f の**線積分**と呼ぶ．この式を t の積分で表せば，

$$\int_a^b f \, |\boldsymbol{r}'(t)| \, dt \tag{3.14}$$

となる．

【問題 3.9】 C を曲線 (t, t^2) の $0 \leq t \leq 1$ の部分であるとする.このとき線積分 $\displaystyle\int_C t\,ds$ を求めよ.

【解】 $\displaystyle\int_0^1 t\sqrt{1+4t^2}\,dt = \frac{1}{12}(5\sqrt{5}-1).$

【問題 3.10】 C を曲線 $\left(t, t^2, \dfrac{2}{3}t^3\right)$ の $0 \leq t \leq \pi$ の部分であるとする.このとき線積分 $\displaystyle\int_C \cos t\,ds$ を求めよ.

【解】 $\displaystyle\int_0^\pi \cos t\,(1+2t^2)\,dt = -4\pi.$

曲線の接線ベクトルと線積分 2.6 節で曲線の接線ベクトルについて説明した.曲線 $\boldsymbol{r}(t) = (x(t), y(t))$ が与えられたとき,単位接線ベクトル $\boldsymbol{t}$ は (2.28) 式から

$$\boldsymbol{t} = \frac{\boldsymbol{r}'(t)}{|\boldsymbol{r}'(t)|} \tag{3.15}$$

であった.さて,次の形の積分を考えよう.

$$\int_C \boldsymbol{V}\cdot\boldsymbol{t}\,ds. \tag{3.16}$$

ここで $\boldsymbol{V}$ は曲線 C 上で定義されるベクトルであり,C の各点で値が変わりうるとする.ds は線素である.この積分は $\boldsymbol{V}\cdot\boldsymbol{t}$ がスカラー量であるので,線積分の特別な形となっている.また,$\boldsymbol{t} = \dfrac{\boldsymbol{r}'}{|\boldsymbol{r}'|}$, $ds = |\boldsymbol{r}'|dt$ より,

$$\int_a^b \boldsymbol{V}\cdot\boldsymbol{r}'\,dt \tag{3.17}$$

というパラメータ t の積分に書き換えることもできる.

この積分の具体例を示す.まず,曲線 C が $\boldsymbol{r}(t) = (t, t^2)$ の $0 \leq t \leq 1$ の部分であり,点 $\boldsymbol{r}(t)$ におけるベクトル $\boldsymbol{V}$ は $\boldsymbol{V} = (t^3, t)$ で与えられるとする.すると $\boldsymbol{V}\cdot\boldsymbol{r}' = t^3 + 2t^2$ であるので,

$$\int_0^1 \boldsymbol{V}\cdot \boldsymbol{r}'dt = \int_0^1 (t^3+2t^2)\,dt = \frac{11}{12} \tag{3.18}$$

となる.

【問題 3.11】 曲線 C が $\boldsymbol{r}(t)=(2t,t-1)$ の $0\le t\le 2$ の部分であり，$\boldsymbol{V}=(t^2,e^t)$ であるとき (3.17) 式の線積分を計算せよ．

【解】 $\int_0^2 (2t^2+e^t)\,dt = \frac{13}{3}+e^2.$

【問題 3.12】 曲線 C が $\boldsymbol{r}(t)=(\cos t,\sin t,t)$ の $0\le t\le \pi$ の部分であり，$\boldsymbol{V}=(\sin t,\cos t,t)$ のとき，(3.17) 式の線積分を計算せよ．

【解】 $\int_0^\pi (-\sin^2 t+\cos^2 t+t)\,dt = \frac{\pi^2}{2}.$

<u>線積分の他の表現</u>　(3.17) 式の積分中の $\boldsymbol{r}'dt$ は $\boldsymbol{r}'=\dfrac{d\boldsymbol{r}}{dt}$ であることから，

$$\boldsymbol{r}'dt = \frac{d\boldsymbol{r}}{dt}dt = d\boldsymbol{r}$$

となる．すると，(3.17) 式の積分は

$$\int_C \boldsymbol{V}\cdot d\boldsymbol{r} \tag{3.19}$$

と表してもかまわない．この式の意味をふたたび区分求積法の考え方で理解してみよう．まず，図 3.3 のように曲線 C を細かく分割し，n 番目の分割における両端の点の位置ベクトルの差，すなわち両端の点を始点・終点とするベクトルを $\Delta \boldsymbol{r}_n$ とする．そして，その分割内の適当な 1 点，例えば $\boldsymbol{r}_n$ での $\boldsymbol{V}$ の値 $\boldsymbol{V}(\boldsymbol{r}_n)$ を考える．$\boldsymbol{V}(\boldsymbol{r}_n)$ と $\Delta \boldsymbol{r}_n$ の内積をとり，すべての分割にわたる和

$$\sum_{n=1}^N \boldsymbol{V}\cdot \Delta \boldsymbol{r}_n \tag{3.20}$$

図 3.3 $\int_C \boldsymbol{V} \cdot d\boldsymbol{r}$ の意味

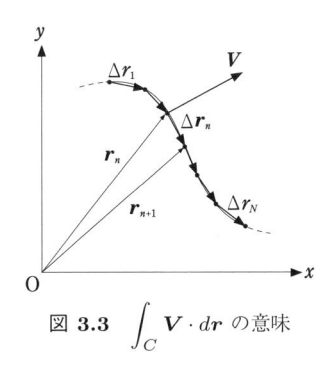

を考える．すると，分割を無限に細かくとった極限（$N \to \infty$）で得られる式が (3.19) 式なのである．すなわち曲線 C の任意の微小部分の変位ベクトル $d\boldsymbol{r}$ とその部分におけるベクトル $\boldsymbol{V}$ の内積をとり，C にわたって和をとる（$\int_C$）という操作が (3.19) 式で行われている．

さて，(3.19) 式はベクトルの内積を積分するという形をしている．ということは，ベクトルの成分を用いた表現に書き換えることができるはずである．実際，$\boldsymbol{V} = (V_x, V_y)$, $d\boldsymbol{r} = (dx, dy)$ とすると，(3.19) 式は，

$$\int_C (V_x dx + V_y dy) \tag{3.21}$$

となる．もちろん 3 次元の場合は，

$$\int_C (V_x dx + V_y dy + V_z dz)$$

となる．(3.21) 式は一見奇妙な形をしているが，その意味は (3.19) 式が理解できれば明らかであろう．

以上 (3.16) 式と等価な線積分がたくさん登場した．それらをまとめると，

$$\int_C \boldsymbol{V} \cdot \boldsymbol{t}\, ds = \int_a^b \boldsymbol{V} \cdot \boldsymbol{r}' dt = \int_C \boldsymbol{V} \cdot d\boldsymbol{r} = \int_C (V_x dx + V_y dy) \tag{3.22}$$

となる．

【問題 3.13】 直線 $y = 2x$ の $0 \leq x \leq 1$ の部分 C を考える．$\boldsymbol{V} = (x+y, xy)$

とし，(3.22) 式を計算せよ．ただし，積分の向きは x 座標が増加する方向であるとする．

【解】 $y = 2x$ であるので，

$$\int_C (V_x dx + V_y dy) = \int_C ((x+y)dx + xy dy) = \int_C \left(3x dx + \frac{y^2}{2} dy\right)$$
$$= \int_0^1 3x\,dx + \int_0^2 \frac{y^2}{2} dy = \frac{17}{6}.$$

線積分と仕事　さて，(3.22) 式の線積分にはどのような物理的意味があるだろうか．ここでは**仕事**という物理量で (3.22) 式の具体的なイメージをつかんでみよう．まず，図 3.4 (a) に示すように直線 $\left(t, -\frac{t}{2}+1\right)$ に沿う摩擦の

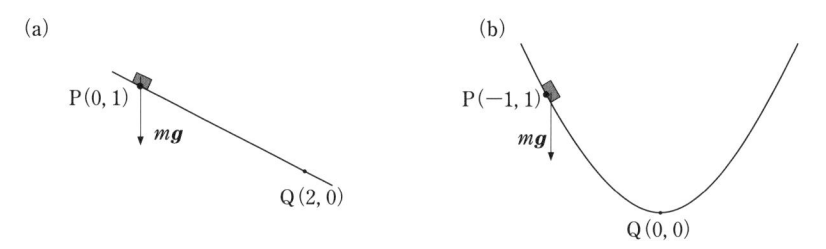

(a)　P(0,1)　$m\boldsymbol{g}$　Q(2,0)

(b)　P(−1,1)　$m\boldsymbol{g}$　Q(0,0)

図 **3.4**　(a) 斜面をすべるおもり，(b) 放物線状の斜面をすべるおもり

ない斜面を考える．そして，この斜面の $t=0$ の点 P(0,1) に質量 m のおもりを静かにおき，おもりが転がらずに滑っていき，$t=2$ の点 Q(2,0) に達したとする．ただし，重力加速度 $\boldsymbol{g}$ は鉛直下向きに $\boldsymbol{g}=(0,-g)$ とする．ここで，点 Q に達したときのおもりの運動エネルギー E を計算してみよう．

この運動エネルギーが，PQ 間の重力ポテンシャルの差に等しいということから単純に答えを導くことができる．点 P, Q の高低差は 1 であり，重力加速度の絶対値が g であるので，

$$E = mg \tag{3.23}$$

となる.

では，この量を別の法則から計算してみよう．おもりが得た運動エネルギーは PQ 間を移動する間に重力がおもりになした仕事の総和に等しい．いまの場合,

$$\text{仕事の総和} = \text{移動方向の力} \times \text{移動距離}$$
$$= \text{重力の斜面方向の成分の大きさ} \times \text{線分 PQ の長さ} \quad (3.24)$$

となるので,

$$\text{仕事の総和} = \frac{1}{\sqrt{5}} mg \times \sqrt{5} = mg \quad (3.25)$$

となり，たしかに重力ポテンシャルから計算した値に等しい．

では，平らな斜面の代わりに図 3.4 (b) のような放物線状の斜面 $r(t) = (t, t^2)$ を $t = -1$ の点 P($-1,1$) から $t = 0$ の点 Q($0,0$) まで下った場合に得られる運動エネルギー E について考えてみよう．P, Q の高低差が 1 なので，重力ポテンシャルによる計算では $E = mg$ となる．この E を仕事から算出するには，斜面が曲がっていることを考慮しなければならない．まず，PQ 間の放物線を微小区間に分けると，各微小区間は直線であると考えて差し支えない．そこで，各微小区間で,

$$\text{仕事} = \text{移動方向の力} \times \text{移動距離} \quad (3.26)$$

を計算し，全区間で和をとることにより仕事の総和を求めればよい．斜面の任意の点における下向きの単位接線ベクトルを t とすると，移動方向の力は $m\boldsymbol{g} \cdot \boldsymbol{t}$ となる．そして，PQ 間の放物線の斜面を C と名づけると,

$$\text{仕事の総和} = \int_C m\boldsymbol{g} \cdot \boldsymbol{t}\, ds \quad (3.27)$$

となる．この式は (3.22) 式の線積分で $\boldsymbol{V} = m\boldsymbol{g}$ とおいたものになっている．

(3.27) 式を具体的に計算するには，(3.22) 式のうち，パラメータを用いた 2 番目の式が便利である．$\boldsymbol{r}' = (1, 2t)$ であり，$m\boldsymbol{g} \cdot \boldsymbol{r}' = -2mgt$ であるので,

$$\text{仕事の総和} = \int_{-1}^{0} (-2mgt)dt = mg \tag{3.28}$$

となり，たしかに E の値が計算できた．

ところで，運動エネルギーの計算において，重力ポテンシャルから「$mg \times$ 高低差」とすると，なぜ仕事による計算と一致するのであろうか？ 仕事による計算は (3.22) 式で $\boldsymbol{V} = m\boldsymbol{g}$ とおいて $\int_C m\boldsymbol{g} \cdot \boldsymbol{t} \, ds$ であった．この量は同じく (3.22) 式の最右辺より $\int_C (mg_x dx + mg_y dy)$ に等しい．ところがいまは $g_x = 0$, $g_y = -g$ なので，$-mg\int_C dy$ となる．$\int_C dy$ は曲線 C に沿って dy の総和をとることを意味し，それはすなわち高低差になるのである．

【問題 3.14】 斜面 $(t, \cos t)$ を $t = 0$ の点から $t = \dfrac{\pi}{4}$ の点まで質量 m のおもりが滑り落ちるときに得る運動エネルギーを，重力ポテンシャル，仕事を用いてそれぞれ計算せよ．

【解】 高低差は $\cos 0 - \cos \dfrac{\pi}{4} = 1 - \dfrac{\sqrt{2}}{2}$. よって重力ポテンシャルによる計算では $\left(1 - \dfrac{\sqrt{2}}{2}\right) mg$. 仕事による計算では，$\displaystyle\int_0^{\frac{\pi}{4}} m\boldsymbol{g} \cdot \boldsymbol{r}' \, dt = \int_0^{\frac{\pi}{4}} mg \sin t \, dt = \left(1 - \dfrac{\sqrt{2}}{2}\right) mg$.

【問題 3.15】 らせん $(\cos t, \sin t, t)$ のすべり台を $t = \pi$ の点から $t = 0$ の点まで質量 m のおもりが滑り落ちたときに得る運動エネルギーを重力ポテンシャル，仕事を用いてそれぞれ計算せよ．ただし，z 軸の正の方向を鉛直上向きにとる．

【解】 $\boldsymbol{g} = (0, 0, -g)$. 高低差は π なので重力ポテンシャルによる計算では πmg. 仕事による計算では，$\displaystyle\int_\pi^0 m\boldsymbol{g} \cdot \boldsymbol{r}' \, dt = \int_\pi^0 (-mg) \, dt = \pi mg$.

章末問題

[3.1] (1) $\int_0^2 x^2 dx$, (2) $\int_0^1 2^x dx$ の値を区分求積法によって求めよ.

[3.2] 次の曲線をパラメータで表せ.
 (1) 直線 $x = \dfrac{y-1}{2} = -z$,
 (2) 楕円 $\dfrac{x^2}{4} + y^2 = 1$（平面曲線），
 (3) $x = y^2$, $z = \sin(x+y)$ を同時にみたす曲線.

[3.3] 次の曲線（部分）の長さを求めよ.
 (1) $|x|^{\frac{2}{3}} + |y|^{\frac{2}{3}} = 1$,
 (2) $\begin{cases} x = t - \sin t \\ y = 1 - \cos t \end{cases}$ $(0 \leq t < 2\pi)$,
 (3) $r = 1 + \cos\theta$　　$(r, \theta$ は極座標で $0 \leq \theta < 2\pi)$.

[3.4] 曲線 $(e^t \cos t, e^t \sin t)$ の $0 \leq t < 2\pi$ の部分を C とする.
 (1) C の長さを求めよ.
 (2) C 上で $\boldsymbol{V} = (\sin t, -\cos t)$ とするとき, $\int_0^{2\pi} \boldsymbol{V} \cdot \boldsymbol{r}' dt$ を求めよ.

[3.5] C を曲線 $(t \cos t, t \sin t)$ の $0 \leq t < 2\pi$ の部分とする.
 (1) $f(t) = t$ とするとき, $\int_C f\, ds$ を求めよ.
 (2) $\boldsymbol{V} = (\cos t, 0)$ とするとき $\int_C \boldsymbol{V} \cdot d\boldsymbol{r}$ を求めよ.

[3.6] xy 平面上で原点を中心とする半径 1 の円周の $y \geq 0$ の部分を C とする. またベクトル場 $\boldsymbol{V} = (y, 0)$ を考える.

(1) $\displaystyle\int_C \boldsymbol{V}\cdot\boldsymbol{t}\,ds$ を求めよ．

(2) C 上の単位法線ベクトルを $\boldsymbol{n}$ とする．ただし，$\boldsymbol{n}$ は y 成分が正である向きにとる．$\displaystyle\int_C \boldsymbol{V}\cdot\boldsymbol{n}\,ds$ を求めよ．

ただし，(1), (2) とも積分する方向は C を左回りに回る方向とする．

[3.7] 曲線 (t, t^2, e^t) の $0\leq t\leq 1$ の部分を C とする．

(1) $t=\dfrac{1}{2}$ の点における単位接線ベクトルを求めよ．

(2) ベクトル場 $\boldsymbol{V}=(y,-x,1)$ について $\displaystyle\int_C \boldsymbol{V}\cdot d\boldsymbol{r}$ を求めよ．

[3.8] 直線 $3x=2y=z$ の $0\leq x\leq 1$ の部分 C を考える．$\boldsymbol{V}=(x,z,1)$ のとき $\displaystyle\int_C \boldsymbol{V}\cdot d\boldsymbol{r}$ を求めよ．ただし，積分の向きは x 座標が増加する方向であるとする．

[3.9] 斜面 (t, e^{-t}) を $t=0$ の点から $t=1$ の点まで質量 m のおもりが滑り落ちるときに得る運動エネルギーを重力ポテンシャル，仕事を用いてそれぞれ求めよ．

第 **4** 章

面積分

　方眼紙の上に描いた円に含まれるマス目を数えて，円の面積を近似計算した経験がおありだろうか．このプリミティブな作業こそが面積分の本質をついている．積分はまさに数え上げの操作にすぎないのである．数え上げの操作を無限に細かい方眼紙上で行えば，それは面積分そのものになる．

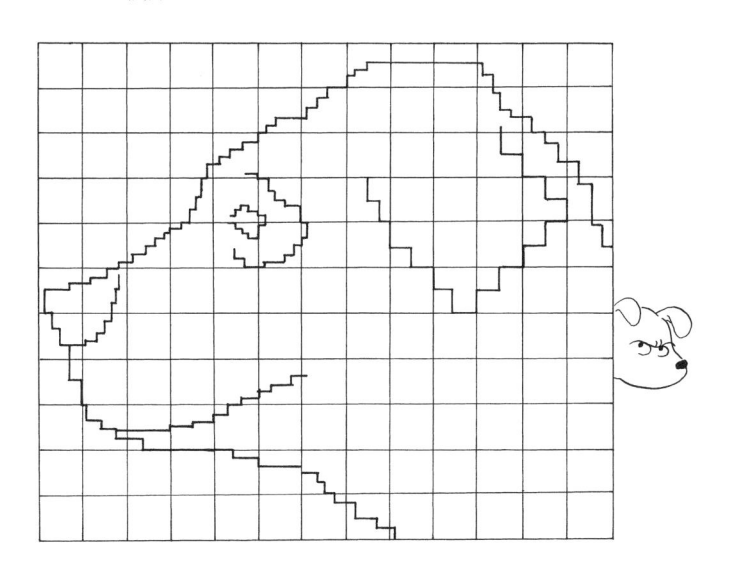

4.1 重積分

重積分の計算　　前章では 1 次元図形である曲線に関する積分について説明した．本章では，2 次元図形である平面領域の上での積分について考える．図形の次元が高くなったぶんだけ積分も多重になるので，まず重積分についてしっかり理解しておこう．いま，2 変数 x, y の適当な関数 $f(x, y)$ が与えられているとする．この関数を x について a から b の範囲で積分し，しかる後に y について c から d の範囲で積分する 2 重積分

$$\int_c^d \left(\int_a^b f(x, y) dx \right) dy \tag{4.1}$$

を考える．内側の x に関する積分では，y の値を固定しているので y を定数だと思って x について積分すればよい．そして，内側の積分の結果として得られる関数には x が現れず y だけが現れるので，後はこの関数を y について積分するだけである．すなわち，

$$g(y) = \int_a^b f(x, y) dx \tag{4.2}$$

とすると，

$$\int_c^d \left(\int_a^b f(x, y) dx \right) dy = \int_c^d g(y) dy \tag{4.3}$$

となる．なお，(4.1) 式中の ( ) をとり外しても誤解を生じないので，今後

$$\int_c^d \int_a^b f(x, y) dx dy \tag{4.4}$$

と書く．

【問題 4.1】　(1) $\displaystyle \int_0^1 \int_0^1 (x+y)^2 dx dy$,　　(2) $\displaystyle \int_0^2 \int_0^1 e^{x-y} dx dy$,

(3) $\int_0^{\frac{\pi}{2}} \int_0^{\frac{\pi}{2}} \cos(x+2y) dx dy$ を計算せよ．

【解】 (1) $\dfrac{7}{6}$, (2) $e - 1 - e^{-1} + e^{-2}$, (3) -1.

重積分の幾何学的意味　　ところで，(4.4) 式の積分にはどのような幾何学的な意味があるだろうか．まず $z = f(x, y)$ のグラフが図 4.1 (a) に示すような曲面であるとする．(4.4) 式の内側の積分 $\int_a^b f(x, y) dx$ は，図 4.1 (a) の斜線で示した領域の面積に等しい．すると (4.4) 式は，

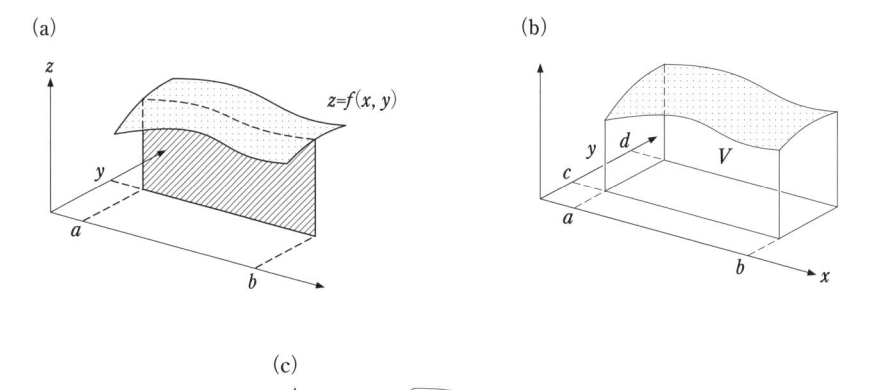

図 **4.1**　2 重積分の幾何学的な意味．(a) 面積が $\int_a^b f(x, y) dx$ に等しい領域, (b) 体積が $\int_c^d \int_a^b f(x, y) dx dy$ に等しい領域 V, (c) 面積が $\int_c^d f(x, y) dy$ に等しい領域

$$\int_c^d (各\ y\ で定義された領域の面積) dy \tag{4.5}$$

となるので，図 4.1 (b) で示した立体 V の体積に等しい．

このことより，x に関する積分と y に関する積分の順序を入れ替えても答えが変わらないことがわかる．すなわち，

$$\int_c^d \int_a^b f(x,y) dx dy = \int_a^b \int_c^d f(x,y) dy dx \tag{4.6}$$

となる．なぜならば，右辺の内側の積分 $\int_c^d f(x,y) dy$ は図 4.1 (c) のように立体 V を x 軸に垂直な平面で切った切り口の面積になり，それを外側の x 積分で a から b まで積分すればふたたび立体 V の体積となるからである．

【問題 4.2】 問題 4.1 の積分値を，積分の順序を入れ替えて計算せよ．

【解】 略．

非長方形領域の重積分 (4.4) 式の形の積分は，積分変数 x, y の領域（積分領域）が $[a,b] \times [c,d]$ の長方形領域であった．では，積分領域が別の形をしている場合はどうであろうか．例えば xy 平面で原点 O を中心にする半径 1 の円盤 S を考える．そして図 4.2 (a) のように，関数 $f(x,y)$ のグラフと xy 平面ではさまれた部分が円盤 S によって切り取られてできる立体 V の体積を 2 重積分で求めてみよう．まず，S 内で y をある値に固定したとき，x は図 4.2 (b) に示すように，$-\sqrt{1-y^2}$ から $\sqrt{1-y^2}$ まで動くことができる．そこで，積分

$$\int_{-\sqrt{1-y^2}}^{\sqrt{1-y^2}} f(x,y) dx \tag{4.7}$$

を考える．すると，この積分値は，立体 V を図 4.2 (c) に示すような y 軸に垂直な平面で切った切り口の面積に等しい．したがって，この積分値をさらに -1 から 1 まで積分した値，すなわち，

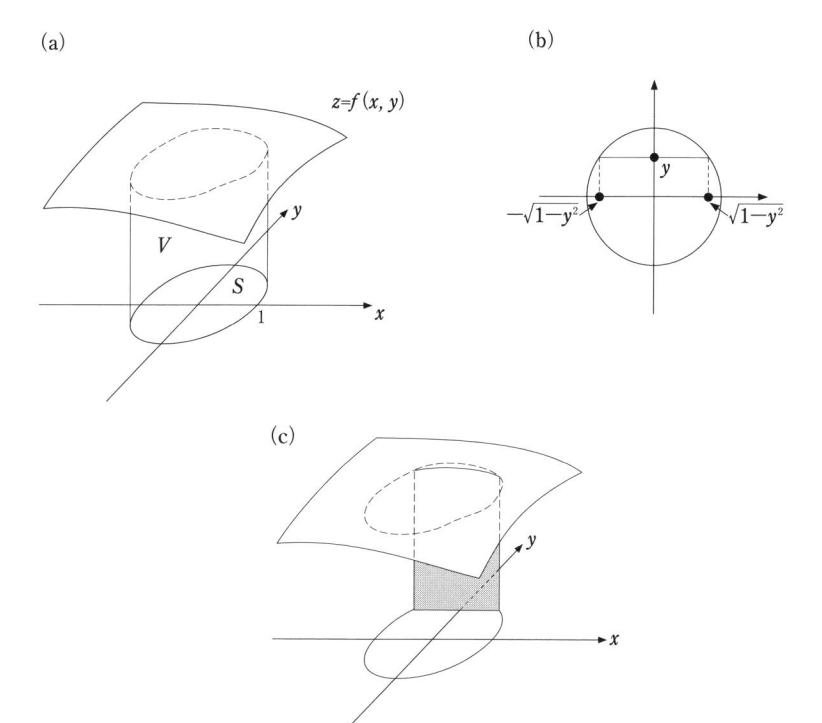

図 **4.2** 非長方形領域での積分. (a) $f(x,y)$ のグラフと円盤 S で定義される立体 V, (b) ある y に対して x がとりうる範囲, (c) 立体 V の切り口

$$\int_{-1}^{1}\int_{-\sqrt{1-y^2}}^{\sqrt{1-y^2}} f(x,y)dxdy \tag{4.8}$$

は立体 V の体積となる．この 2 重積分では積分領域が長方形でないので，内側の積分範囲が外側の積分変数に依存する．なお，x, y の順序を入れ替えれば，

$$\text{立体 } V \text{ の体積} = \int_{-1}^{1}\int_{-\sqrt{1-x^2}}^{\sqrt{1-x^2}} f(x,y)dydx \tag{4.9}$$

となることも明らかであろう．

4.1 重積分

【問題 4.3】 $f(x,y)$ が (1) 1, (2) $1-x^2-y^2$ のとき，(4.8) 式を計算せよ．

【解】 (1) π, (2) $\dfrac{\pi}{2}$．

4.2 面積分

<u>重積分と区分求積法</u>　　前節の円盤領域の積分では，積分変数として直交座標を用いた．しかし，領域が円であるから極座標をうまく利用できないであろうか．じつは利用可能であるが，このためにはすこし準備が必要となる．ここではまず区分求積法の観点から 2 重積分を見直すことにする．

まず，(4.4) 式の長方形領域での積分

$$\int_c^d \int_a^b f(x,y)dxdy \tag{4.10}$$

は，図 4.1 (b) の立体 V の体積に等しかった．区分求積法でこの積分を計算するために，積分領域 $[a,b] \times [c,d]$ を図 4.3 (a) のように $M \times N$ 個の小領域に分割しよう．$\Delta x = \dfrac{b-a}{M}$, $\Delta y = \dfrac{d-c}{N}$ とし，$x_m = a + m\Delta x$, $y_n = c + n\Delta y$ とする．そして，任意の小領域 $[x_m, x_{m+1}] \times [y_n, y_{n+1}]$ で図 4.3 (b) に示すように，底面をその小領域とし，高さが $f(x_m, y_n)$ に等しい角柱を考える．すべての小領域でこのようにして角柱をつくると図 4.3 (c) のような角柱の集合体になり，その体積が立体 V の体積を近似していることがわかる．

さらに，領域の分割を無限に細かく，すなわち M, N をともに無限大にした極限での全角柱の体積和が，立体 V の体積に等しくなることは容易に理解できる．これを式で表すと，

$$\text{立体 } V \text{ の体積} = \lim_{M,N \to \infty} \sum_{n=0}^{N-1} \sum_{m=0}^{M-1} f(x_m, y_n) \Delta x \Delta y \tag{4.11}$$

(a)

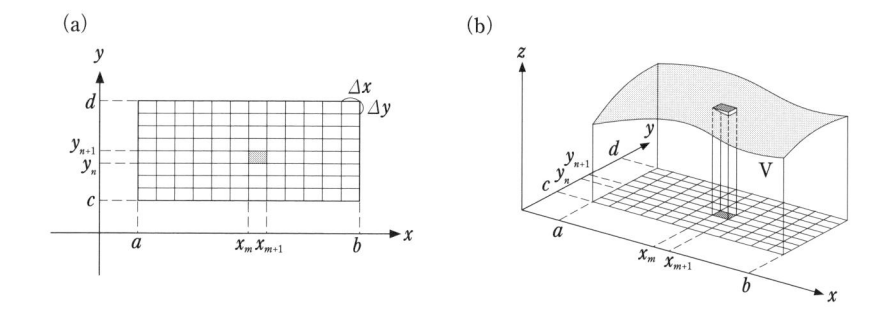

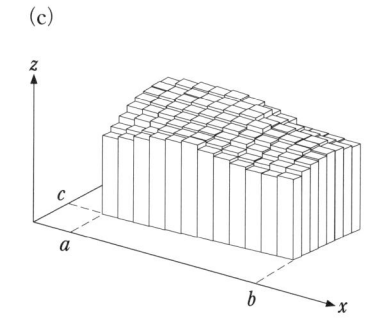

(b)

(c)

図 **4.3** 2 重積分と区分求積法. (a) 積分領域の分割, (b) 小領域で定義される角柱, (c) 角柱の集合体

となる．この式の和と極限の順序を変えると，

$$\begin{aligned}
\text{立体 } V \text{ の体積} &= \lim_{N \to \infty} \sum_{n=0}^{N-1} \left\{ \lim_{M \to \infty} \sum_{m=0}^{M-1} f(x_m, y_n) \Delta x \right\} \Delta y \\
&= \lim_{N \to \infty} \sum_{n=0}^{N-1} \int_a^b f(x, y_n) dx \Delta y \\
&= \int_c^d \int_a^b f(x, y) dx dy
\end{aligned} \tag{4.12}$$

となって (4.10) 式と一致することがわかる．

【問題 4.4】 (1) $\int_c^d \int_a^b (x+y) dx dy$, (2) $\int_c^d \int_a^b xy \, dx dy$ の値を (4.11) 式

を直接計算することによって求めよ.

【解】 $\Delta x = \dfrac{b-a}{M}, \Delta y = \dfrac{d-c}{N}, x_m = a + m\Delta x, y_n = c + n\Delta y$ である.

(1)
$$\lim_{M,N\to\infty} \sum_{n=0}^{N-1}\sum_{m=0}^{M-1} (a+m\Delta x+c+n\Delta y)\,\Delta x\Delta y$$
$$= \lim_{M,N\to\infty}\left(aMN+\frac{M(M-1)N}{2}\Delta x+cMN+\frac{MN(N-1)}{2}\Delta y\right)\Delta x\Delta y$$
$$= \lim_{M,N\to\infty}\bigg(a(b-a)(d-c)+\frac{M-1}{2M}(b-a)^2(d-c)$$
$$\qquad\qquad +c(b-a)(d-c)+\frac{N-1}{2N}(b-a)(d-c)^2\bigg)$$
$$= \frac{1}{2}(b-a)(d-c)(a+b+c+d)$$

(2)
$$\lim_{M,N\to\infty}\sum_{n=0}^{N-1}\sum_{m=0}^{M-1}(a+m\Delta x)(c+n\Delta y)\,\Delta x\Delta y$$
$$= \lim_{M,N\to\infty}\left(aM+\frac{M(M-1)}{2}\Delta x\right)\left(cN+\frac{N(N-1)}{2}\Delta y\right)\Delta x\Delta y$$
$$= \lim_{M,N\to\infty}\left(a+\frac{M-1}{2M}(b-a)\right)\left(c+\frac{N-1}{2N}(d-c)\right)(b-a)(d-c)$$
$$= \frac{1}{4}(b^2-a^2)(d^2-c^2)$$

面積分 (4.11) 式の和は M と N に関する 2 重和であるが, 図 4.3 (c) の角柱の集合体の体積が求まればよいので, 和の順序にこだわる必要がない. さらに, 領域を $M \times N$ に等分割することもない. 例えば領域を図 4.4 (a) のように適当に分割し, そのうちの任意の小領域 (斜線部) を考えよう. この小領域の面積を ΔS とし, 小領域内の適当な点の座標を (x, y) とする. さらに, 図 4.4 (b) のように, その小領域の上に立ち, 断面がどこでも小領域と同じ形で, 高さが $f(x, y)$ の「柱」を考える. この柱の体積は $f(x, y)\Delta S$ である.

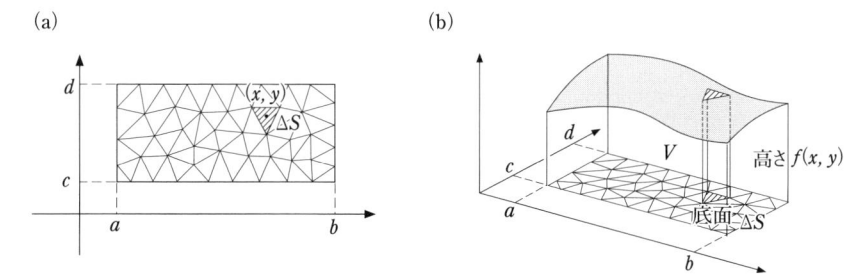

図 4.4 (a) 領域を適当に分割した例，(b) 小領域に立つ柱

さらに，すべての小領域で同じように柱をつくり，これら柱の集合体の体積を求めれば，前に定義した立体 V の体積の近似になっていることは明らかである．そして分割を無限に細かくできれば，立体 V の体積そのものになる．この操作を式で表すと，

$$\text{立体 } V \text{ の体積} = \lim_{\substack{S \text{ を無限に細かく} \\ \text{分割する極限}}} \left(\sum_{\substack{\text{分割された小領域} \\ \text{すべてにわたる和}}} \underbrace{f(x,y)\Delta S}_{\text{柱の体積}} \right) \quad (4.13)$$

となる．ただし領域 $[a,b] \times [c,d]$ を S と名づけている．また，式中の x, y, ΔS は小領域ごとに定義される量である．(4.13) 式の操作を積分記号で表すと，

$$\int_S f(x,y)dS \quad (4.14)$$

となる．dS は領域 S を無限に細かく分割したときの微小領域の面積であり，**面積要素**と呼ばれる．そして $f(x,y)dS$ はその微小領域を底面とする柱の体積であり，$\int_S$ はそのような柱を領域全体にわたって和をとることを表している．(4.14) 式は (4.10) 式の 2 重積分をより一般化した積分操作であり，**面積分**と呼ばれる．

<u>円盤領域の面積分</u>　　では，話を戻してふたたび図 4.2 (a) に示した円盤領域 S 上の立体 V の体積を求める問題に戻ろう．この体積は面積分を用いれば，

$$V \text{ の体積} = \int_S f(x,y) dS \tag{4.15}$$

となる．右辺は (4.14) 式と同じ形であるが今度は領域 S が円盤である．しかし，領域を微小領域に分け，各微小領域を底面とする高さ $f(x,y)$ の柱を考えてその体積 $f(x,y)dS$ の総和を求めるという考え方は変わらない．

前に，(4.8) 式で 2 重積分によって V の体積を計算した．この積分を区分求積法でとらえ直すと以下のようになる．まず，図 4.5 (a) のように円盤領域を x 軸, y 軸に平行な直線で無限に細かく分割していく．そして図の斜線で示すようなある微小領域を考える．微小領域内の適当な点の座標を (x,y) としよう．微小領域の面積，すなわち面積要素は $dxdy$ である．そしてこの領域を底面とし，高さが $f(x,y)$ である柱の体積は $f(x,y)dxdy$ となる．各微小領域で同様の柱を考え，それらの体積の合計を計算したものが (4.8) 式となる．じつは図 4.5 (a) のように分割すると領域の外周のところで四角い微

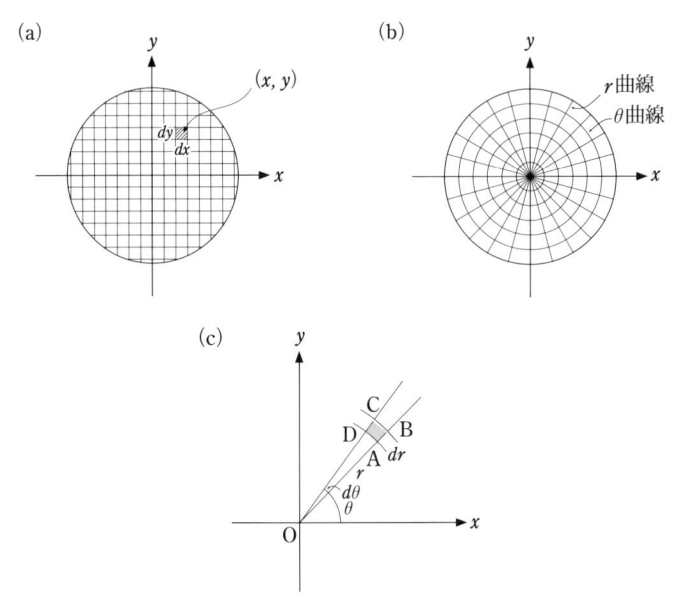

図 4.5 (a) 直交座標による円盤領域の分割，(b) 極座標による分割，(c) 微小領域

小領域がとれないので，その部分の寄与は無視している．しかしながら，分割を無限に細かくとれば，その寄与が無視できることは直観的に明らかであろう．

<u>**極座標による面積分**</u>　　さて，いま考えている積分領域 S は円盤である．面積分では領域の分割は自由にとることができた．そこで今度は極座標 r, θ を用いて分割してみよう．まず図 4.5 (b) のように S を r 曲線，θ 曲線で無限に細かく分割していく．そして図 4.5 (c) に示すような，それら微小領域の任意の 1 つを考える．領域 ABCD は扇形 OBC から扇形 OAD をとり除いたものである．OA の長さを r，OA が x 軸となす角を θ とし，AB = CD = dr，∠AOD = $d\theta$ としよう．すると微小領域 ABCD の面積 dS は扇形の面積の公式を用いて，

$$dS = \frac{1}{2}(r+dr)^2 d\theta - \frac{1}{2}r^2 d\theta = r\,drd\theta + \frac{1}{2}(dr)^2 d\theta \tag{4.16}$$

となる．いまは微小領域で考えているので $dr, d\theta$ は微小量であり，最右辺第 2 項は第 1 項と比べて無視できる．よって，

$$dS = r\,drd\theta \tag{4.17}$$

としてよい．

さらに，微小領域内の適当な点を選ぶ．いまは領域 ABCD から点 A を選ぼう．点 A の座標は $(x, y) = (r\cos\theta, r\sin\theta)$ である．また，円盤領域 S では r, θ が $0 \leq r \leq 1, 0 \leq \theta < 2\pi$ の範囲を自由に動くので，結局 (4.15) 式の面積分は，

$$\int_0^{2\pi} \int_0^1 f(r\cos\theta, r\sin\theta) r\,drd\theta \tag{4.18}$$

という極座標の 2 重積分に書き換えることができる．

【問題 4.5】　原点を中心とする半径 1 の円盤領域を S とする．次の面積分の値を求めよ．

(1) $\int_S x^2 dS$, (2) $\int_S (x^2+y^2)dS$, (3) $\int_S x^2 y\, dS$,
(4) $\int_S e^{x^2+y^2} dS$.

【解】 (1) $\int_0^{2\pi}\int_0^1 r^3 \cos^2\theta\, drd\theta = \dfrac{\pi}{4}$, (2) $\int_0^{2\pi}\int_0^1 r^3\, drd\theta = \dfrac{\pi}{2}$,
(3) $\int_0^{2\pi}\int_0^1 r^4 \cos^2\theta \sin\theta\, drd\theta = 0$, (4) $\int_0^{2\pi}\int_0^1 r\, e^{r^2}\, drd\theta = \pi(e-1)$.

【問題 4.6】 面積分 $\int_S (x^2+y^2)dS$ の値を以下の積分領域 S に対して求めよ．
(1) 原点 O を中心とする半径 2 の円の内部，
(2) 原点 O を中心とする半径 1 の円の内部のうち $y \geq 0$ の部分，
(3) 原点 O を中心とする半径 1 の円と半径 2 の円にはさまれた部分．

【解】 (1) $\int_0^{2\pi}\int_0^2 r^3\, drd\theta = 8\pi$, (2) $\int_0^\pi \int_0^1 r^3\, drd\theta = \dfrac{\pi}{4}$,
(3) $\int_0^{2\pi}\int_1^2 r^3\, drd\theta = \dfrac{15}{2}\pi$.

面積分と面積 面積分の特別な場合として，被積分関数が 1 の場合，すなわち，

$$\int_S dS \tag{4.19}$$

がある．領域 S の面積要素 dS の和を S 全体でとるから，この積分値は S の面積そのものになる．

【問題 4.7】 $\int_S dS$ の値を S が (1) $[0,1] \times [0,2]$ の長方形領域，(2) 原点 O を中心とする半径 3 の円盤領域，に対して計算せよ．

【解】 (1) $\int_0^2 \int_0^1 dxdy = 2$, (2) $\int_0^{2\pi} \int_0^3 r\,drd\theta = 9\pi$.

4.3 曲面上の面積分

いままでは面積分の積分領域 S は xy 平面上の平らなものであった．今度は S を空間内の曲面とする．そして，関数 f が S 上で定義されているとして面積分

$$\int_S f dS \tag{4.20}$$

について考えよう．この場合も面積分の持つ意味合いは変わらない．すなわち領域 S を微小領域に分割し，面積要素 dS とそこでの f の値との積をすべての微小領域で計算して総和を求めるのである．

<u>曲面の面積</u>　　S 上でつねに $f=1$ であるとすると，面積分 $\int_S dS$ は曲面 S の面積と等しくなる．まず，この積分を具体例で計算することから始めよう．いま，原点 O を中心とする半径 1 の球面を S とする．すると，S 上の任意の点は球座標を用いて，2 つのパラメータ θ, φ に依存する位置ベクトル

$$\boldsymbol{r}(\theta, \varphi) = (\sin\theta\cos\varphi, \sin\theta\sin\varphi, \cos\theta) \tag{4.21}$$

で表される．パラメータの範囲は $0 \leq \theta \leq \pi, 0 \leq \varphi < 2\pi$ である．面積分を計算するには，まず S を微小領域に分割する．θ 曲線および φ 曲線を用いて，図 4.6 (a) のように S を分割し，この分割を無限に細かくとろう．次に，図 4.6 (b) で示す任意の微小領域 ABCD の面積要素 dS を求める．点 A の位置ベクトルを $\boldsymbol{r}(\theta, \varphi)$ とし，$\angle\text{AOB} = d\theta, \angle\text{B}'\text{OC}' = d\varphi$ とする．ただし，点 B′, C′ はそれぞれ点 B, C の xy 平面への射影である．

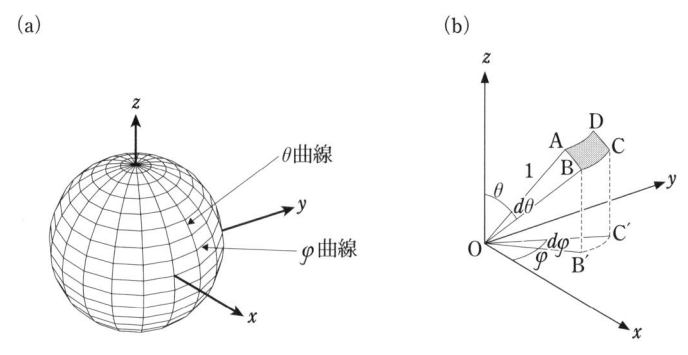

図 4.6 (a) 球面の分割，(b) 微小領域

弧 AB, AD の長さはそれぞれ $d\theta$, $\sin\theta d\varphi$ である．そして $d\theta$, $d\varphi$ は微小量であるので，領域 ABCD はほぼ長方形であると考えてよい．したがって面積要素 dS は，

$$dS = \sin\theta\, d\theta d\varphi \tag{4.22}$$

となる．よって，面積分は θ, φ の 2 重積分の形で，

$$\int_S dS = \int_0^{2\pi}\int_0^\pi \sin\theta\, d\theta d\varphi = 4\pi \tag{4.23}$$

となり，たしかに半径 1 の球面の面積が計算された．

【問題 4.8】 $\boldsymbol{r}(\theta, z) = (\cos\theta, \sin\theta, z)$ $(0 \leq \theta < 2\pi, 0 \leq z \leq 1)$ は z 軸を中心軸とする半径 1 の円筒の $0 \leq z \leq 1$ の領域を表す．この領域を S とするとき，その面積を面積分 $\int_S dS$ によって求めよ．

【解】 図 4.7 より斜線部の微小領域の面積 dS は $dS = d\theta dz$ である．したがって，

$$\int_S dS = \int_0^1 \int_0^{2\pi} d\theta dz = 2\pi.$$

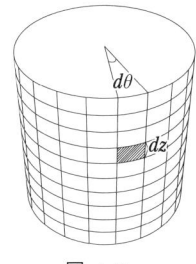

図 4.7

【問題 4.9】 次の領域の面積を面積分により計算せよ．
(1) $(0,0,1), (2,0,1), (2,1,1), (0,1,1)$ の 4 点を頂点とする長方形,
(2) 原点を中心とする半径 R の球面,
(3) z 軸を中心とし，半径 3 の円筒の側面の $-1 \leq z \leq 2$ の部分．

【解】 (1) 領域を $\boldsymbol{r}(x,y) = (x,y,1)$ $(0 \leq x \leq 2,\ 0 \leq y \leq 1)$ と表すと，$dS = dxdy$ より $\int_0^1 \int_0^2 dx\,dy = 2$, (2) $\int_0^{2\pi} \int_0^{\pi} R^2 \sin\theta\, d\theta\, d\varphi = 4\pi R^2$, (3) $\int_{-1}^2 \int_0^{2\pi} 3\, d\theta dz = 18\pi$.

<u>パラメータによる**面積要素の計算**</u>　　面積要素 dS の計算を上では図形を用いて幾何学的に行ったが，より一般的な計算方法が存在する．いま曲面 S が 2 つのパラメータ s, t を用いた位置ベクトル $\boldsymbol{r}(s,t)$ $(a \leq s \leq b, c \leq t \leq d)$ で表されるとする．すると S は t を一定にして s を動かしてできる曲線群と，s を一定にして t を動かしてできる曲線群とで微小領域に分割することができる．図 4.8 の斜線部はそのうちの任意の 1 つの微小領域を表しているとしよう．点 A, B, C, D の位置ベクトルはそれぞれ $\boldsymbol{r}(s,t)$, $\boldsymbol{r}(s+ds,t)$, $\boldsymbol{r}(s+ds,t+dt)$, $\boldsymbol{r}(s,t+dt)$ であるとする．ds, dt は微小量なので，この領域の周囲の四辺は直線であると考えて差し支えない．

さらに，テイラー展開（付録参照）を用いて高次の微小量を無視すると，

$$\text{点 B}\ :\ \boldsymbol{r}(s+ds,t) = \boldsymbol{r}(s,t) + ds\frac{\partial \boldsymbol{r}}{\partial s}(s,t),$$

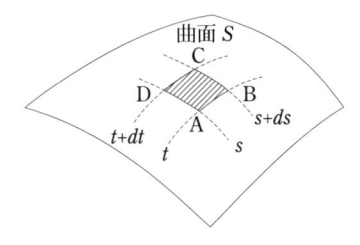

図 4.8　パラメータ s, t で表された曲面上の微小領域

点 C ： $r(s+ds, t+dt) = r(s,t) + ds\dfrac{\partial r}{\partial s}(s,t) + dt\dfrac{\partial r}{\partial t}(s,t),$

点 D ： $r(s, t+dt) = r(s,t) + dt\dfrac{\partial r}{\partial t}(s,t)$

となる．したがって領域 ABCD は平行四辺形となり，その面積 dS は外積を用いて，

$$dS = |\overrightarrow{\mathrm{AB}} \times \overrightarrow{\mathrm{AD}}| = \left|\dfrac{\partial r}{\partial s} \times \dfrac{\partial r}{\partial t}\right| ds dt \tag{4.24}$$

となる．

【問題 4.10】 (4.24) 式を用いて，(1) (4.22) 式，および，(2) 問題 4.8 の $dS = d\theta dz$ を確認せよ．

【解】 (1) $\dfrac{\partial r}{\partial \theta} \times \dfrac{\partial r}{\partial \varphi} = (\sin^2\theta\cos\varphi, \sin^2\theta\sin\varphi, \cos\theta\sin\theta)$．$\left|\dfrac{\partial r}{\partial \theta} \times \dfrac{\partial r}{\partial \varphi}\right| = \sin\theta$ より $dS = \sin\theta\, d\theta d\varphi$， (2) $\dfrac{\partial r}{\partial \theta} \times \dfrac{\partial r}{\partial z} = (\cos\theta, \sin\theta, 0)$．$\left|\dfrac{\partial r}{\partial \theta} \times \dfrac{\partial r}{\partial z}\right| = 1$ より $dS = d\theta dz$．

【問題 4.11】 次の領域の面積を面積分により計算せよ．

(1) $0 \leq s \leq 1, 0 \leq t \leq 2$ の範囲の $r(s,t) = (s, t, 2s+3t)$ で表される曲面（平行四辺形），

(2) $0 \leq \theta < 2\pi, 0 \leq t \leq 1$ の範囲の $r(\theta, t) = (t\cos\theta, t\sin\theta, t^2)$ で表される曲面（回転放物面）．

【解】 (1) $\dfrac{\partial r}{\partial s} \times \dfrac{\partial r}{\partial t} = (-2, -3, 1)$, $dS = \sqrt{14}\, dsdt$．$\displaystyle\int_0^1\int_0^2 \sqrt{14}\, dsdt = 2\sqrt{14}$．(2) $\dfrac{\partial r}{\partial \theta} \times \dfrac{\partial r}{\partial t} = (2t^2\cos\theta, 2t^2\sin\theta, -t)$, $dS = t\sqrt{1+4t^2}\, d\theta dt$．$\displaystyle\int_0^1\int_0^{2\pi} t\sqrt{1+4t^2}\, d\theta dt = \dfrac{\pi}{6}(5\sqrt{5}-1)$．

曲面上の面積分　　さて，いままでは面積分

$$\int_S f\,dS \tag{4.25}$$

の特殊な場合,すなわち f が S 上でつねに 1 である場合を説明してきた.今度は, f が S 上の各点で値が変わる一般的な場合を考える.このとき (4.25) 式の積分は,「曲面 S 上の各微小領域において,そこでの f の値と面積要素 dS の積をとり,全曲面にわたってその積の和をとる」ことを意味している.例えば S を $\boldsymbol{r}(\theta,t) = (\cos\theta, \sin\theta, t)$ $(0 \le \theta < 2\pi,\ 0 \le t \le 1)$ で表される円筒領域とし, $f = x^2 z$ とする.すると $dS = d\theta dt$ より,

$$\int_S f\,dS = \int_0^1 \int_0^{2\pi} t\cos^2\theta\,d\theta dt = \frac{\pi}{2} \tag{4.26}$$

となる.

(4.25) 式の領域 S を金属でできた薄い曲面であるとし, f をその金属面上の各点における面密度(単位面積あたりの質量)であるとする.すると (4.25) 式では面積要素と面密度の積を全領域で合計するので,積分値は金属面 S の全質量を表していることになる.

【問題 4.12】 以下の S と f の組に対して面積分 $\int_S f\,dS$ を計算せよ.
 (1) S は点 $(0,0,1), (2,0,1), (2,1,1), (0,1,1)$ を頂点とする長方形, $f = xy + z$,
 (2) S は $\boldsymbol{r}(s,t) = (s,t,s^2)$ $(0 \le s \le 1,\ 0 \le t \le 2)$ で表される曲面, $f = x$.

【解】 (1) $\int_0^1 \int_0^2 (xy+1)\,dxdy = 3$,
 (2) $dS = \sqrt{1+4s^2}\,dsdt$, $\int_0^2 \int_0^1 s\sqrt{1+4s^2}\,dsdt = \frac{1}{6}(5\sqrt{5}-1)$.

曲面の法線ベクトルと面積分 空間中の曲面 S 上でベクトル値関数 $\boldsymbol{V}$ が定義されているとし,さらに S の各点で単位法線ベクトル $\boldsymbol{n}$ を考える.た

だし，単位法線ベクトルは ± の 2 通りの向きにとれるので，S のどちら側を向いているほうを採用するかをあらかじめ指定しておく．このとき，積分

$$\int_S \boldsymbol{V} \cdot \boldsymbol{n}\, dS \tag{4.27}$$

は $\boldsymbol{V} \cdot \boldsymbol{n}$ が S 上の各点でスカラー値をとるので，面積分の特別な場合となっている．この形の面積分は第 8 章でも登場し，重要な意味を持っている．なお，$\boldsymbol{n}\, dS$ は大きさが面積要素に等しく，法線ベクトルの方向を向いているベクトル量であり，$d\boldsymbol{S}$ という記号で表すこともある．この $d\boldsymbol{S}$ は**面積要素ベクトル**と呼ばれ，第 1 章で学んだ面積ベクトルの微小版である．(4.27) 式は面積要素ベクトルを用いて，

$$\int_S \boldsymbol{V} \cdot d\boldsymbol{S} \tag{4.28}$$

と書くこともできる．

さて，このタイプの面積分に慣れるために，具体的な計算例を示しておこう．原点を中心とする半径 1 の球面の $z \geq 0$ の部分（半球面）を S とする．また $\boldsymbol{V} = (0, 0, 2)$ とし，$\boldsymbol{n}$ はその z 成分が正である向きにとるとする．図 4.9 に $S, \boldsymbol{V}, \boldsymbol{n}$ を示しておく．このとき (4.27) 式の値を計算しよう．まず，S 上の点は位置ベクトル $\boldsymbol{r}(\theta, \varphi) = (\sin\theta\cos\varphi, \sin\theta\sin\varphi, \cos\theta)$ $(0 \leq \theta \leq \frac{\pi}{2},\ 0 \leq \varphi < 2\pi)$ で表すことができる．また，点 $\boldsymbol{r}(\theta, \varphi)$ に対して $\boldsymbol{n} = \boldsymbol{r}(\theta, \varphi)$ となるので，$\boldsymbol{V} \cdot \boldsymbol{n} = 2\cos\theta$ となる．さらに，$dS = \sin\theta\, d\theta d\varphi$ であるので，(4.27) 式の値は，

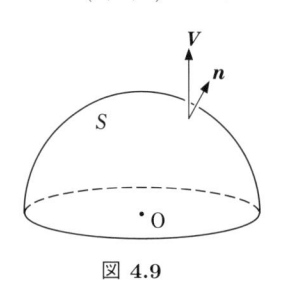

図 4.9

$$\int_0^{2\pi} \int_0^{\frac{\pi}{2}} 2\cos\theta \sin\theta\, d\theta d\varphi = 2\pi \tag{4.29}$$

となる．

【問題 4.13】　上と同じ領域 S に対して $\boldsymbol{V} = (x, y, 0)$ としたときの (4.27) 式の値を求めよ．

【解】 $\boldsymbol{V}\cdot\boldsymbol{n} = \sin^2\theta$, $\displaystyle\int_0^{2\pi}\int_0^{\frac{\pi}{2}} \sin^3\theta\, d\theta d\varphi = \frac{4}{3}\pi$.

<u>水の流れによる解釈</u>　次に，(4.27) 式の積分の具体的なイメージを，水の流れという物理現象によってつかんでおこう．まず，S を含む空間を考える．この空間内を水が流れているとし，各位置での水の速度ベクトルを $\boldsymbol{V}$ としよう．(4.27) 式の積分では，$\boldsymbol{V}$ は S 上でだけ定義されていれば十分であったが，ここでは話をわかりやすくするために空間全体で定義されているベクトル場であるとする．また，S はたんに領域に名前をつけているだけで，水の流れをせき止めているのではないとする．さらに，S のどちらか一方の面を適当に選び，その面を表側と定め，法線ベクトル $\boldsymbol{n}$ はつねに表側から外を向いているとしよう．

　さて，S 上の任意の点 P での $\boldsymbol{V}\cdot\boldsymbol{n}$ は，図 4.10 (a) に示すようにベクトル $\boldsymbol{V}$ の法線方向の成分の大きさを表す．$\boldsymbol{V}$ は水の速度ベクトルであったので，$\boldsymbol{V}\cdot\boldsymbol{n}$ は点 P において曲面 S の裏側から表側へ，単位時間（仮に 1 秒とする）・単位面積あたりどれだけの量の水が通過しているかを表している．ということは，点 P における微小領域を考えると，面積要素 dS と $\boldsymbol{V}\cdot\boldsymbol{n}$ の積はその微小領域を毎秒どれだけの量の水が通過するかを表す．さらに，(4.27) 式の積分値は，この量を S 全体で積分する，すなわち，S 全体での総和を求めることにより，S の裏側から表側へ毎秒通過する水の総量を表していることになる．

　(4.29) 式の具体例でこのことを確認してみよう．まず，S は図 4.9 の半球

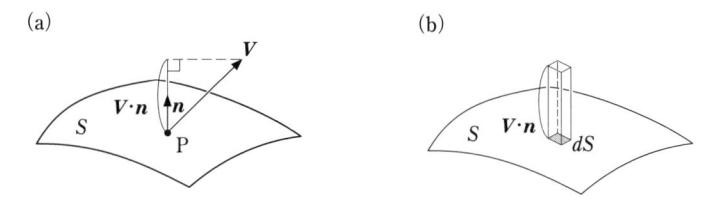

図 4.10　(a) 点 P における $\boldsymbol{V}\cdot\boldsymbol{n}$，(b) 微小領域を単位時間あたりに通過する水の量

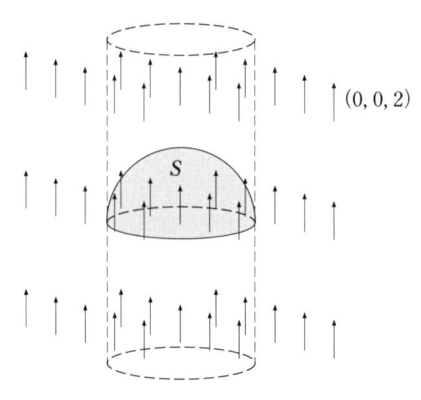

図 **4.11** 水の流れと領域 S

面である．そして議論をわかりやすくするため V は S 上だけでなく空間内のどこにおいても $(0,0,2)$ であると考えてみよう．すなわち，図 4.11 のように水は空間内のいたるところで z 方向に毎秒 2 の速さで流れているのである．このとき，S の裏側から表側へ毎秒どれだけの量の水が流れているかは図の状況からただちにわかる．いま，図 4.11 のように S を包み込むような，z 軸方向へのびるパイプ（点線で示している）を考えると，このパイプの断面積は半径 1 の円であるので π となる．すると，単位時間あたりにパイプを下から上に流れる水の総量は，断面積に水の速さをかけて 2π となる．ということは，毎秒 S を通過する水の量もやはり 2π であり，(4.29) 式の値に一致する．なお，S を通過する水の量は，実際は S 上の速度ベクトルさえわかれば (4.29) 式のように計算でき，空間全体の様子がわからなくてもよいことに注意してほしい．

【問題 4.14】 以下の $S, \boldsymbol{n}, \boldsymbol{V}$ に対して $\int_S \boldsymbol{V} \cdot \boldsymbol{n}\, dS$ を計算せよ．

(1) S は点 $(0,0,1), (2,0,1), (2,1,1), (0,1,1)$ を頂点とする長方形，$\boldsymbol{n} = (0,0,1)$，$\boldsymbol{V} = (1,2,3)$，

(2) S は z 軸を中心とする半径 1 の円筒の側面の $0 \leq z \leq 1$ の部分，$\boldsymbol{n}$ は S の外側を向く単位法線ベクトル，$\boldsymbol{V} = (x, 0, z)$．

【解】 (1) $\int_0^1 \int_0^2 3\,dxdy = 6$, (2) S 上の点を $\boldsymbol{r}(\theta, z) = (\cos\theta, \sin\theta, z)$ $(0 \leq \theta < 2\pi, 0 \leq z \leq 1)$ と表す．$\boldsymbol{n} = (\cos\theta, \sin\theta, 0)$, $dS = d\theta dz$. したがって，$\int_0^1 \int_0^{2\pi} \cos^2\theta\, d\theta dz = \pi$.

パラメータによる表示 最後に，曲面 S 上の任意の点が位置ベクトル $\boldsymbol{r}(s, t)$ $(a \leq s \leq b, c \leq t \leq d)$ で表されるとき，(4.27) 式の積分を s, t の 2 重積分で表してみよう．まず，単位法線ベクトル $\boldsymbol{n}$ は第 2 章の (2.34) 式より

$$\boldsymbol{n} = \frac{\partial \boldsymbol{r}}{\partial s} \times \frac{\partial \boldsymbol{r}}{\partial t} \bigg/ \left|\frac{\partial \boldsymbol{r}}{\partial s} \times \frac{\partial \boldsymbol{r}}{\partial t}\right| \tag{4.30}$$

となる．ただし，単位法線ベクトルの向きによっては右辺に − (マイナス) をつけたほうを用いる場合もある．次に，面積要素 dS は (4.24) 式より，

$$dS = \left|\frac{\partial \boldsymbol{r}}{\partial s} \times \frac{\partial \boldsymbol{r}}{\partial t}\right| dsdt \tag{4.31}$$

となるので，(4.27) 式は，

$$\int_S \boldsymbol{V} \cdot \boldsymbol{n}\, dS = \int_c^d \int_a^b \boldsymbol{V} \cdot \left(\frac{\partial \boldsymbol{r}}{\partial s} \times \frac{\partial \boldsymbol{r}}{\partial t}\right) dsdt \tag{4.32}$$

と書き換えることができる．

【問題 4.15】 以下の $S, \boldsymbol{n}, \boldsymbol{V}$ に対して $\int_S \boldsymbol{V} \cdot \boldsymbol{n}\, dS$ を計算せよ．

(1) S は $\boldsymbol{r}(\theta, \varphi) = (2\sin\theta\cos\varphi, \sin\theta\sin\varphi, \cos\theta)$ $(0 \leq \theta \leq \pi, 0 \leq \varphi < 2\pi)$ で表される領域（楕円面），$\boldsymbol{n}$ は S の外側を向いている単位法線ベクトル，$\boldsymbol{V} = (0, 0, z)$，

(2) S は $\boldsymbol{r}(s, t) = (s, t, s^2 - t^2)$ $(0 \leq s \leq 1, 0 \leq t \leq 2)$ で表される領域（双曲放物面），$\boldsymbol{n}$ は z 成分が正である単位法線ベクトル，$\boldsymbol{V} = (x, y, 1)$.

【解】 (1) $\dfrac{\partial \boldsymbol{r}}{\partial \theta} \times \dfrac{\partial \boldsymbol{r}}{\partial \varphi} = (\sin^2\theta\cos\varphi, 2\sin^2\theta\sin\varphi, 2\cos\theta\sin\theta)$. したがっ

て，$\int_0^{2\pi}\int_0^\pi 2\cos^2\theta\sin\theta\,d\theta d\varphi = \dfrac{8}{3}\pi$. (2) $\dfrac{\partial\boldsymbol{r}}{\partial s}\times\dfrac{\partial\boldsymbol{r}}{\partial t}=(-2s,2t,1)$, $\int_0^2\int_0^1(-2s^2+2t^2+1)\,dsdt=6$.

章末問題

[4.1] 次を計算せよ．
(1) $\displaystyle\int_0^1\int_{-1}^1 x^2 y\,dxdy$,　　(2) $\displaystyle\int_0^1\int_0^\pi y\sin x\,dxdy$,
(3) $\displaystyle\int_0^1\int_0^1 e^{x-y}\,dxdy$,　　(4) $\displaystyle\int_0^1\int_0^y xy\,dxdy$,
(5) $\displaystyle\int_0^{\frac{\pi}{2}}\int_{-\sin y}^{\sin y} x^2\cos y\,dxdy$.

[4.2] xy 平面上の原点を中心とする半径 1 の円盤領域を S とする．面積分 $\displaystyle\int_S(x^2+y^2)dS$ を区分求積法によって以下のように求める．まず，図 4.12 のように円盤領域を極座標の r 曲線 ($r=\dfrac{m}{M}$, $m=0,1,\cdots,M$), θ 曲線 ($\theta=2\pi\dfrac{n}{N}$, $n=0,1,\cdots,N$) で分割する．
(1) 斜線部分の面積 $\Delta S_{m,n}$ を求めよ．

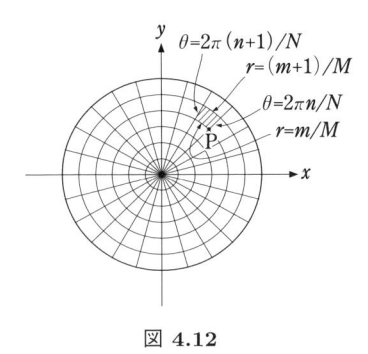

図 **4.12**

(2) 点 P における x, y の値を $x_{m,n}, y_{m,n}$ とする．$\sum_{n=0}^{N-1}\sum_{m=0}^{M-1}(x_{m,n}^2+y_{m,n}^2)\Delta S_{m,n}$ を求めよ．

(3) (2) の答えの $M, N \to \infty$ の極限値を求めよ．

(4) 面積分 $\int_S (x^2+y^2)dS$ を計算し，(3) の答えと一致することを確かめよ．

[4.3] xy 平面上で，原点を中心とし長さ 1 の辺が座標軸に平行な正方形 S を考える．次の面積分の値を求めよ．

(1) $\int_S x\,dS$,　　(2) $\int_S x^2 y^2\,dS$,　　(3) $\int_S e^{x+y}\,dS$.

[4.4] xy 平面上で原点を中心とする半径 1 の円盤領域を S とする．次の面積分の値を求めよ．

(1) $\int_S y\,dS$,　　(2) $\int_S xy\,dS$,　　(3) $\int_S x^2\,dS$,　　(4) $\int_S \sin\pi(x^2+y^2)\,dS$.

[4.5] 次の領域の面積を面積分により計算せよ．

(1) xy 平面上の楕円 $x^2 + \dfrac{y^2}{4} = 1$ の内部の面積．

(2) 原点を中心とする半径 3 の球面の $z \geq 0$ の部分．

(3) $0 \leq t \leq 1$, $0 \leq \theta < 2\pi$ の範囲の $\boldsymbol{r}(t,\theta) = (t\cos\theta, t\sin\theta, t^2)$ で表された領域．

[4.6] 以下の S と f の組に対して面積分 $\int_S f\,dS$ を計算せよ．

(1) S は点 $(0,0,3), (2,0,3), (2,1,3), (0,1,3)$ を頂点とする長方形，$f = xyz$.

(2) S は $\boldsymbol{r}(s,t) = (s,t,st)$ $(0 \leq s \leq 1, 0 \leq t \leq 1)$ で表される曲面，$f = xy$.

(3) S は $\boldsymbol{r}(t,\theta) = (1+t\cos\theta, 1+t\sin\theta, t)$ $(0 \leq t \leq 1, 0 \leq \theta \leq \pi)$ で表される曲面，$f = x + z^2$.

[4.7] パラメータ s, t で表された曲面 $(s\cos t, s\sin t, s)$ の $0 \leq s \leq 1, 0 \leq t < 2\pi$ の部分を S とする．

(1) S の概形を描け．

(2) S の面積を求めよ．

(3) S の各点における単位法線ベクトルを求めよ．ただし，単位法線ベクトルの

z 成分は正であるとする．
(4) S 上で $\boldsymbol{V} = (s, t, 0)$ とするとき，面積分 $\int_S \boldsymbol{V} \cdot \boldsymbol{n}\, dS$ を求めよ．

[4.8] 原点を中心とする半径 1 の球面を S とする．S 上の各点で $\boldsymbol{V} = (x, 0, 0)$ とする．単位法線ベクトル $\boldsymbol{n}$ を外向きにとり，$\int_S \boldsymbol{V} \cdot \boldsymbol{n}\, dS$ を求めよ．

[4.9] ベクトル場 $\boldsymbol{V} = (0, 1, 1)$ を考える．$\boldsymbol{V}$ が空間中の一様な水の流れの速度ベクトルを表していると考えよう．
(1) 図 4.13 のような 1 辺の長さが 1 の立方体領域を考える．下面 OABC を $z < 0$ の側の面から $z > 0$ の側の面に単位時間あたりに通過する水の量を求めよ．

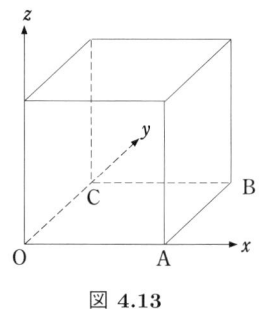

図 **4.13**

(2) この立方体領域の各面で外部から内部に単位時間あたりに通過する水の量を求め，それらの総和が 0 であることを確認せよ．
(3) 原点を中心とする半径 1 の球面を考える．この球面の外部から内部に単位時間あたりに通過する水の量を，面積分を用いて計算し，0 となることを確認せよ．

第 5 章
体積分

　前の 2 つの章で曲線, 曲面上の積分を学んできた. ここまでわかれば積分は何も怖くない. 後は, 積分領域の次元を上げるだけである. この章では, 積分の勉強の仕上げとして, 立体上の積分, すなわち体積分について学ぶ.

5.1 立体の体積

直方体の体積　第 3 章では 1 次元図形である曲線，第 4 章では 2 次元図形である曲面に関する積分について説明してきた．今度は 3 次元図形である立体に関する積分に話を進める．まずは簡単な例として，直方体の体積について考えてみよう．いま，$0 \leq x \leq 3, 0 \leq y \leq 2, 0 \leq z \leq 1$ で与えられる横・縦・高さが 3, 2, 1 の直方体領域 V があるとする．この直方体の体積はいうまでもなく $3 \times 2 \times 1 = 6$ である．この体積を，積分を用いて計算してみよう．前章の面積分の計算を参考にすると，「領域を微小な部分領域に分割し，その和をとる」と体積が計算できるはずである．すなわち，

$$V \text{ の体積} = \int_V dV$$

となる．dV が V の各場所での微小な部分領域の体積，すなわち**体積要素**であり，それを $\int_V$ によって V 全体にわたって和をとれば，V の体積となる．

具体的な V の分割として図 5.1 のような分割が考えられる．ここで，任

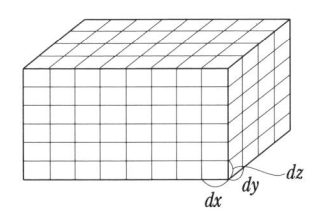

図 **5.1**　直方体領域の分割

意の体積要素 dV の横・縦・高さを dx, dy, dz とする．もちろん dx, dy, dz も微小量であり，$dV = dxdydz$ となる．この dV を V 全体にわたって和をとるが，例えば x 方向に和をとり，次に y 方向に，そして z 方向に和をとればよい．これを式で表すと，

$$V \text{ の体積} = \int_0^1 \int_0^2 \int_0^3 dxdydz$$

となり，たしかに体積が 6 となる．

次にもっと複雑な立体の体積を求める問題に移ろう．いま 3 つのパラメータ u, v, w で指定される 3 次元空間中の点 $\boldsymbol{r}(u, v, w)$ を考える．すると $u_0 \leq u \leq u_1, v_0 \leq v \leq v_1, w_0 \leq w \leq w_1$ の範囲内のすべての u, v, w の組によって指定される点 $\boldsymbol{r}(u, v, w)$ の集合は一般に立体となる．

【問題 5.1】
(1) $\boldsymbol{r}(u, v, w) = (2u, v, w)$ $(0 \leq u \leq 1, 0 \leq v \leq 1, 0 \leq w \leq 1)$ で表される立体は何か．
(2) $\boldsymbol{r}(r, \theta, \varphi) = (r \sin\theta \cos\varphi, r \sin\theta \sin\varphi, r \cos\theta)$ $\left(0 \leq r \leq 1, 0 \leq \theta \leq \dfrac{\pi}{2}, 0 \leq \varphi < 2\pi\right)$ で表される立体は何か．
(3) $\boldsymbol{r}(u, v, w) = (u(w^2+1)\cos v, u(w^2+1)\sin v, w)$ $(0 \leq u \leq 1, 0 \leq v < 2\pi, -1 \leq w \leq 1)$ で表される立体は何か．

【解】　(1) 図 5.2(a) の直方体．(2) 原点に中心があり，半径が 1 の球の $z \geq 0$ の部分（半球）．(3) 図 5.2(b) の面を z 軸のまわりに回転してできる立体．

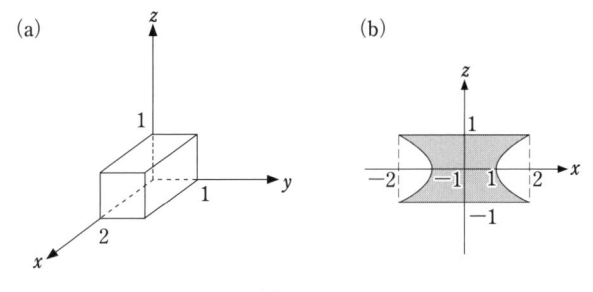

図 5.2

【問題 5.2】　以下の立体をパラメータで表現せよ．
(1) z 軸を中心軸とする半径 1 および 2 の円筒にはさまれた領域の $0 \leq z \leq 1$ の部分．
(2) 点 $(1, 2, 3)$ を中心とする半径 1 および 2 の球面にはさまれた部分．

【解】 (1) 例えば $\bm{r} = (r\cos\theta, r\sin\theta, t)(1 \leq r \leq 2, 0 \leq \theta < 2\pi, 0 \leq t \leq 1)$.
(2) 例えば $\bm{r} = (r\sin\theta\cos\varphi + 1, r\sin\theta\sin\varphi + 2, r\cos\theta + 3)(1 \leq r \leq 2, 0 \leq \theta \leq \pi, 0 \leq \varphi < 2\pi)$.

球の体積　さて,上のようにパラメータで表された立体の体積を求めるにはどうすればよいであろうか.次の例に即して説明していこう.原点を中心とする半径 2 の球 V を考える.V は球座標をパラメータとして $\bm{r}(r, \theta, \varphi) = (r\sin\theta\cos\varphi, r\sin\theta\sin\varphi, r\cos\theta)$ $(0 \leq r \leq 2, 0 \leq \theta \leq \pi, 0 \leq \varphi < 2\pi)$ と表すことができる.曲面の面積を求めるときには,パラメータから得られる曲線群によって曲面を微小領域に分割し,各微小領域の面積(面積要素)の総和を求めた.このテクニックを立体にも応用しよう.まず図 5.3 (a) のように球 V を r 一定の曲面群,θ 一定の曲面群,φ 一定の曲面群によって細かく分割する.

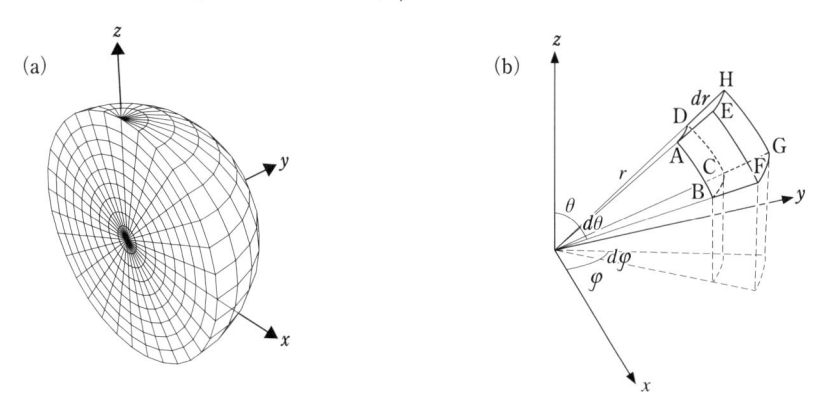

図 **5.3** (a) 分割された球領域.ただし,分割を見やすくするために $y < 0$ の部分をとり除いて示す,(b) 微小領域

この分割を非常に細かくして得られた任意の微小領域は図 5.3 (b) の形をしている.ここで $dr, d\theta, d\varphi$ は,図では誇張して描いているが実際は微小量である.また,図で示している各点の座標は A : $\bm{r}(r, \theta, \varphi)$, B : $\bm{r}(r, \theta + d\theta, \varphi)$, C : $\bm{r}(r, \theta + d\theta, \varphi + d\varphi)$, D : $\bm{r}(r, \theta, \varphi + d\varphi)$, E : $\bm{r}(r + dr, \theta, \varphi)$, F : $\bm{r}(r + dr, \theta + d\theta, \varphi)$, G : $\bm{r}(r + dr, \theta + d\theta, \varphi + d\varphi)$, H : $\bm{r}(r + dr, \theta, \varphi + d\varphi)$

となる．この微小領域の体積が体積要素 dV となる．$dr, d\theta, d\varphi$ が微小量なので，領域は $\overrightarrow{AE}, \overrightarrow{AB}, \overrightarrow{AD}$ が張る平行六面体で十分近似でき，dV はスカラー 3 重積を用いて

$$dV = \left|[\overrightarrow{AE}\, \overrightarrow{AB}\, \overrightarrow{AD}]\right| \tag{5.1}$$

となる．$|\ |$ は絶対値である．さらに，テイラー展開（付録参照）

$$\boldsymbol{r}(r+dr, \theta, \varphi) = \boldsymbol{r}(r, \theta, \varphi) + dr\frac{\partial \boldsymbol{r}}{\partial r} + O(dr^2) \tag{5.2}$$

などを用い，高次の微小量を無視すると，

$$dV = \left|\left[\frac{\partial \boldsymbol{r}}{\partial r}\, \frac{\partial \boldsymbol{r}}{\partial \theta}\, \frac{\partial \boldsymbol{r}}{\partial \varphi}\right]\right| dr d\theta d\varphi \tag{5.3}$$

となる．3 重積の部分を行列式で表すと，

$$\left[\frac{\partial \boldsymbol{r}}{\partial r}\, \frac{\partial \boldsymbol{r}}{\partial \theta}\, \frac{\partial \boldsymbol{r}}{\partial \varphi}\right] = \begin{vmatrix} \frac{\partial x}{\partial r} & \frac{\partial y}{\partial r} & \frac{\partial z}{\partial r} \\ \frac{\partial x}{\partial \theta} & \frac{\partial y}{\partial \theta} & \frac{\partial z}{\partial \theta} \\ \frac{\partial x}{\partial \varphi} & \frac{\partial y}{\partial \varphi} & \frac{\partial z}{\partial \varphi} \end{vmatrix} \tag{5.4}$$

となる．さらに球座標と直交座標の関係式 $x = r\sin\theta\cos\varphi, y = r\sin\theta\sin\varphi, z = r\cos\theta$ を代入すると，この行列式の値が $r^2\sin\theta$ となる．こうして，

$$dV = r^2 \sin\theta\, dr d\theta d\varphi \tag{5.5}$$

が得られた．

【問題 5.3】 (5.4) 式の行列式の値が $r^2\sin\theta$ となることを確認せよ．

【解】 略．

体積要素の具体的な表現が得られたので，後は全領域での総和をとって球 V の体積を計算するだけである．すなわち，

$$球\ V\ の体積 = \int_V dV$$
$$= \int_0^{2\pi} \int_0^{\pi} \int_0^2 r^2 \sin\theta\, drd\theta d\varphi = \frac{32}{3}\pi \quad (5.6)$$

となる．

<u>ヤコビアン</u>　パラメータ表示による一般の立体の体積を求めるには，上の球の体積の求め方と同様に行えばよい．いま，立体 V が位置ベクトルを用いて $\boldsymbol{r}(u,v,w)$ $(u_0 \le u \le u_1, v_0 \le v \le v_1, w_0 \le w \le w_1)$ と表されているとする．まず，u 一定の曲面群，v 一定の曲面群，w 一定の曲面群によって立体を微小領域に分割し，体積要素 dV を求める．球の体積を求めた上の説明を注意して読むと，球座標を具体的に代入している (5.5) 式までは r, θ, φ をパラメータ u, v, w に置き換えてもまったく同様の理屈が成り立つことがわかる．すなわち体積要素 dV は，

$$dV = \left| \left[\frac{\partial \boldsymbol{r}}{\partial u}\ \frac{\partial \boldsymbol{r}}{\partial v}\ \frac{\partial \boldsymbol{r}}{\partial w} \right] \right| dudvdw \quad (5.7)$$

となる．さらに，この式の 3 重積を行列式によって表すと，

$$\left[\frac{\partial \boldsymbol{r}}{\partial u}\ \frac{\partial \boldsymbol{r}}{\partial v}\ \frac{\partial \boldsymbol{r}}{\partial w} \right] = \begin{vmatrix} \frac{\partial x}{\partial u} & \frac{\partial y}{\partial u} & \frac{\partial z}{\partial u} \\ \frac{\partial x}{\partial v} & \frac{\partial y}{\partial v} & \frac{\partial z}{\partial v} \\ \frac{\partial x}{\partial w} & \frac{\partial y}{\partial w} & \frac{\partial z}{\partial w} \end{vmatrix} \quad (5.8)$$

となる．この行列式は**ヤコビ行列式**または**ヤコビアン**と呼ばれ，

$$\frac{\partial(x,y,z)}{\partial(u,v,w)} \quad (5.9)$$

と表すこともある．本書ではさらに簡単に J と表しておこう．

結局，立体 V の体積はこのヤコビアンを用いて，

$$立体\ V\ の体積 = \int_V dV = \int_{w_0}^{w_1} \int_{v_0}^{v_1} \int_{u_0}^{u_1} |J|\, dudvdw \quad (5.10)$$

で計算することができる.

【問題 5.4】 問題 5.1, 5.2 の立体の体積を求めよ.

【解】 問題 5.1：(1) $J = 2$, $\int_0^1 \int_0^1 \int_0^1 2\, dudvdw = 2$,

(2) $J = r^2 \sin\theta$, $\int_0^{2\pi} \int_0^{\frac{\pi}{2}} \int_0^1 r^2 \sin\theta\, drd\theta d\varphi = \frac{2}{3}\pi$,

(3) $J = u(w^2+1)^2$, $\int_{-1}^1 \int_0^{2\pi} \int_0^1 u(w^2+1)^2 dudvdw = \frac{56}{15}\pi$.

問題 5.2：解答で示したパラメータを用いるとする.

(1) $J = r$, $\int_0^1 \int_0^{2\pi} \int_1^2 r\, drd\theta dt = 3\pi$,

(2) $J = r^2 \sin\theta$, $\int_0^{2\pi} \int_0^{\pi} \int_1^2 r^2 \sin\theta\, drd\theta d\varphi = \frac{28}{3}\pi$.

5.2 体積分

体積分の定義 立体 V は金属でできているとし，V 中の各点の密度（単位体積あたりの質量）を $\rho(x,y,z)$ とする．ここで V の全質量を求めてみよう．一般に V 中の位置によって密度が変わるので，V を微小領域に分割し，その領域の質量を求めて総和をとればよい．これを式で表すと，

$$\int_V \rho\, dV \tag{5.11}$$

となる．この形の積分を**体積分**と呼ぶ．V がパラメータ u,v,w による位置ベクトル $\boldsymbol{r}(u,v,w)$ $(u_0 \le u \le u_1, v_0 \le v \le v_1, w_0 \le w \le w_1)$ で表されているとする．この場合，(5.11) 式は，$dV = |J|\, dudvdw$ より，

$$\int_{w_0}^{w_1} \int_{v_0}^{v_1} \int_{u_0}^{u_1} \rho\, |J|\, dudvdw \tag{5.12}$$

と書き換えることができる.

【問題 5.5】 原点を中心とする半径 1 の球の内部領域を V とする.
(1) $\int_V (1+x)\,dV$, (2) $\int_V (x^2+y^2+z^2)\,dV$, (3) $\int_V z^2\,dV$ を計算せよ.

【解】 $\boldsymbol{r} = (r\sin\theta\cos\varphi, r\sin\theta\sin\varphi, r\cos\theta)$, $J = r^2\sin\theta$ より,

(1) $\int_0^{2\pi}\int_0^{\pi}\int_0^1 (1+r\cos\theta)r^2\sin\theta\,drd\theta d\varphi = \dfrac{4}{3}\pi,$

(2) $\int_0^{2\pi}\int_0^{\pi}\int_0^1 r^4\sin\theta\,drd\theta d\varphi = \dfrac{4}{5}\pi,$

(3) $\int_0^{2\pi}\int_0^{\pi}\int_0^1 r^4\sin\theta\cos^2\theta\,drd\theta d\varphi = \dfrac{4}{15}\pi.$

【問題 5.6】 z 軸を中心軸とする半径 2 の円柱内部の $0 \leq z \leq 1$ の領域を V とする. (1) $\int_V (1+x)\,dV$, (2) $\int_V z\,dV$, (3) $\int_V (x^2+y^2)\,dV$ を計算せよ.

【解】 $\boldsymbol{r} = (r\cos\theta, r\sin\theta, z)$, $J = r$ より,

(1) $\int_0^1\int_0^{2\pi}\int_0^2 (1+r\cos\theta)r\,drd\theta dz = 4\pi,$

(2) $\int_0^1\int_0^{2\pi}\int_0^2 rz\,drd\theta dz = 2\pi$, (3) $\int_0^1\int_0^{2\pi}\int_0^2 r^3\,drd\theta dz = 8\pi.$

章末問題

[5.1] 次の立体をパラメータで表せ.
(1) 原点を中心とし, 各辺が座標軸に平行で 1 辺の長さが 1 の立方体.
(2) x 軸を中心とする半径 1 の円筒の内部.
(3) 楕円面 $x^2 + \dfrac{y^2}{4} + \dfrac{z^2}{9} = 1$ によって囲まれる領域.

[5.2] 次の $\boldsymbol{r}(u,v,w)$ に対しヤコビアンを求めよ.

(1) $(u, -w, v)$,　　(2) $(uv, u+w, v^2)$,　　(3) $(e^w, v+\cos u, u-v)$

[5.3] 次の立体の体積を体積分により求めよ．
 (1) 原点を中心とする半径 1 の球の内部の $x \geq 0, y \geq 0, z \geq 0$ の部分．
 (2) [5.1] (3) の領域．
 (3) $\boldsymbol{r}(u,v,w) = (u+v, v^2, uw)$ $(0 \leq u \leq 1, 0 \leq v \leq 2, 0 \leq w \leq 3)$ で表される領域．

[5.4] V を以下の領域とするとき $\displaystyle\int_V x^2 dV$ を計算せよ．
 (1) 原点を中心とし，各辺が座標軸に平行で 1 辺の長さが 1 の立方体の内部．
 (2) 原点を中心とする半径 1 の球の内部．
 (3) 点 $(1,0,0)$ を中心とする半径 1 の球の内部．
 (4) x 軸を中心軸とする半径 1 の円筒内部の $-1 \leq x \leq 1$ の部分．

[5.5] $0 \leq u \leq 1$, $0 \leq v < 2\pi$, $0 \leq w \leq 2$ の範囲のパラメータで表された点 $(u\cos v + w, u\sin v, w)$ がなす立体領域を V とする．
 (1) ヤコビアンを求めよ．
 (2) V の体積を求めよ．
 (3) 体積分 $\displaystyle\int_V (x+z^2)dV$ を求めよ．

第 6 章
場の微分演算（2次元）

　これから2次元空間，すなわち平面での微分演算を学ぶ．2次元だからとバカにしてはいけない．ここで出会うさまざまな概念が完全に理解できれば，3次元の場合も一般の次元のことも，きっとたちどころにわかるはず．なにより，2次元のことがわからない人には，けっして3次元以上のことはわからないのだから．

6.1 勾配

勾配の定義　図 6.1 のような平らな斜面が目の前にあるとする．山登りの好きな人は，これから登る斜面だと思えばよいし，スキーやスノーボードの好きな人は，広い整地されたゲレンデがあると思えばよい．さて，この斜面を登るのにどんな方法があるだろうか．斜面の勾配が小さければ (a) のコースを登るだろうし，大きければ (b) のようなコースを選ぶだろう．急斜面では斜面をまっすぐでなく斜めに登ると楽であることは誰でも経験的に知っているが，それを数式で表現してみよう．いま $a > 0$ として，図 6.2 のように，$z = ay$ で与えられる斜面を考える．ここで xy 平面上で点 (x, y) を通り

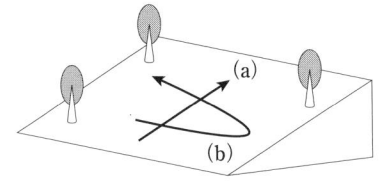

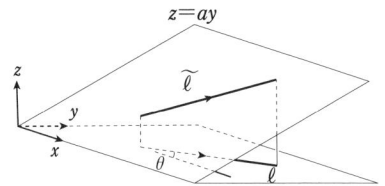

図 **6.1**　斜面の登り方　　　図 **6.2**　$z = ay$ で与えられる斜面

$\boldsymbol{n} = (\cos\theta, \sin\theta)$ 方向を向いた直線 ℓ をとると，ℓ は $(x + s\cos\theta, y + s\sin\theta)$ (s：パラメータ) で表すことができる．ℓ を含み xy 平面と垂直な平面と斜面 $z = ay$ との交わりを $\tilde{\ell}$ とおく．さて，この $\tilde{\ell}$ に沿って斜面を移動したとき，その傾斜 $c(\theta)$ を求めてみよう．傾斜は水平方向に s，垂直方向に h 進んだとき $\dfrac{h}{s}$ で与えられるので，経路 $\tilde{\ell}$ に沿って (x, y, ay) から $(x + s\cos\theta, y + s\sin\theta, a(y + s\sin\theta))$ まで動いたとき，

$$c(\theta) = \frac{a(y + s\sin\theta) - ay}{s} = a\sin\theta$$

となる．明らかに $\theta = \dfrac{\pi}{2}$ のとき $c(\theta)$ は最大値 a をとり，$\theta = -\dfrac{\pi}{2}$ のとき $c(\theta)$ は最小値 $-a$ をとる．すなわち，$\theta = \dfrac{\pi}{2}$ の方向（y 軸正方向）がもっ

とも上りの傾斜が大きく，この方向に登るのはキツイということになるし，$\theta = -\frac{\pi}{2}$ の方向（y 軸負方向）がもっとも下りの傾斜の大きい方向であって，その方向に滑べり降りるのが一番恐いということになる．それに対し，$\theta = \frac{\pi}{6}$ の方向に登れば傾斜は最大傾斜の半分になってかなり楽になり，$\theta = -\frac{\pi}{6}$ の方向に滑べり降りれば恐さも半減（？）である．そして，$\theta = 0, \theta = \pi$ の方向（x 軸方向）には傾斜 0 である．これも経験者ならよくわかることで，斜面上に止まっていたいときにスキーやスノーボードを向けておくべき方向である．

【問題 6.1】 次の式で表される平面の最大傾斜と，その傾斜を与える方向を求めよ．

(1) $z = x + 5$,　　(2) $z = x - y - 1$,　　(3) $z = -x + \sqrt{3}y$.

【解】 直線 $(x + s\cos\theta, y + s\sin\theta)$ に沿って傾斜 $c(\theta)$ を測ってみる．

(1) $c(\theta) = \cos\theta$ より，$\max_\theta c(\theta) = 1$ で最大値を与えるのは $\theta = 0$,

(2) $c(\theta) = \cos\theta - \sin\theta = \sqrt{2}\sin\left(\theta + \frac{3}{4}\pi\right)$ より，$\max_\theta c(\theta) = \sqrt{2}$ で最大値を与えるのは $\theta = -\frac{\pi}{4}$,　　(3) $c(\theta) = -\cos\theta + \sqrt{3}\sin\theta = 2\sin\left(\theta - \frac{\pi}{6}\right)$ より，$\max_\theta c(\theta) = 2$ で最大値を与えるのは $\theta = \frac{2}{3}\pi$.

さて，現実の山もスキー場もこんなにまっ平らな斜面だけでないことはもちろんである．そこで，一般に図 6.3 のように $z = f(x, y)$ のグラフとして表されるような地形を考え，その傾斜を考えてみよう．もちろん，平らな斜面と違って状況は各地点ごとで異なるはずであるから，任意に指定された x と y に対し，対応する地点 $(x, y, f(x, y))$ における傾斜を考えようというのである．まず，平らな斜面のときと同じように，xy 平面上で (x, y) を通り単位ベクトル $\boldsymbol{u} = (u_x, u_y)$ の方向を向いた直線 $\ell : (x + su_x, y + su_y)$（$s$：パラメータ）を考え，この直線 ℓ を含み xy 平面に垂直な平面と地面が

図 6.3 $z=f(x,y)$ で与えられる地形

交わってできる曲線に沿ってこの斜面を移動する（図 6.3）．この経路に沿って $(x,y,f(x,y))$ から $(x+su_x, y+su_y, f(x+su_x, y+su_y))$ まで動いたとき，この間の平均傾斜は $\dfrac{f(x+su_x, y+su_y)-f(x,y)}{s}$ である．とすると，与えられた (x,y) に対応する地点 $(x,y,f(x,y))$ における $\boldsymbol{u}$ 方向の傾斜 $c(x,y;\boldsymbol{u})$ は次のように定義するのが妥当であろう．

$$c(x,y;\boldsymbol{u}) = \lim_{s \to 0} \frac{f(x+su_x, y+su_y) - f(x,y)}{s}. \tag{6.1}$$

これによって各地点で与えられた方向に関する傾斜が定義できた．

一般にスカラー場 f が与えられたとき，(6.1) 式によって定義される $c(x,y;\boldsymbol{u})$ をスカラー場 f の点 (x,y) における $\boldsymbol{u}$ 方向への**方向微分係数**という．これは ℓ に沿って f の値を見ていったときの (x,y) における f の変化率である．方向微分係数は (6.1) 式からさらに連鎖律を用いて以下のように計算することができる．

$$\begin{aligned}c(x,y;\boldsymbol{u}) &= \left.\frac{d}{ds}f(x+su_x, y+su_y)\right|_{s=0} \\ &= u_x \frac{\partial f}{\partial x}(x,y) + u_y \frac{\partial f}{\partial y}(x,y) \\ &= \boldsymbol{u} \cdot \boldsymbol{V}.\end{aligned}$$

ただし，$\boldsymbol{V} = \left(\dfrac{\partial f}{\partial x}(x,y), \dfrac{\partial f}{\partial y}(x,y)\right)$ とおいた．ここで，図 6.4 のように，単位ベクトル $\boldsymbol{u}$ は 360 度あらゆる方向をとることができるので，内積の定義から，

$$\max_{|\boldsymbol{u}|=1} c(x,y;\boldsymbol{u}) = |\boldsymbol{V}|$$

であり，最大値をとるのは $\boldsymbol{u}$ の方向が $\boldsymbol{V}$ の方向と一致したときである．結局 $\boldsymbol{V}$ は，その方向が最大方向微

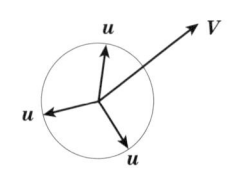

図 6.4 ベクトル $\boldsymbol{V} = \left(\dfrac{\partial f}{\partial x}(x,y), \dfrac{\partial f}{\partial y}(x,y)\right)$ といろいろな方向の単位ベクトル $\boldsymbol{u}$

分係数を与え，その大きさが最大方向微分係数に一致するようなベクトルとなる．このベクトル $\boldsymbol{V} = \left(\dfrac{\partial f}{\partial x}(x,y), \dfrac{\partial f}{\partial y}(x,y)\right)$ は各 (x,y) ごとに決まるので，2次元空間上のベクトル場を与えている．このベクトル場をスカラー場 f の**勾配**と呼び，∇f と表す．すなわち，

$$\nabla f = \frac{\partial f}{\partial x}\boldsymbol{e}_x + \frac{\partial f}{\partial y}\boldsymbol{e}_y. \tag{6.2}$$

また，単位ベクトル $\boldsymbol{u}$ 方向への方向微分係数は $\boldsymbol{u} \cdot \nabla f$ となる．

∇f は $\mathrm{grad}\, f$ とも書くが，本書では ∇f の記法を用いることにする．∇ は**ナブラ**と読み，以下きわめてひんぱんに登場してくる．これは空間2次元の場合，

$$\nabla = \boldsymbol{e}_x \frac{\partial}{\partial x} + \boldsymbol{e}_y \frac{\partial}{\partial y} \tag{6.3}$$

という形で与えられる微分演算子であり，形式的にスカラー場 f に作用させると，

$$\nabla f = \left(\boldsymbol{e}_x \frac{\partial}{\partial x} + \boldsymbol{e}_y \frac{\partial}{\partial y}\right) f = \boldsymbol{e}_x \frac{\partial}{\partial x} f + \boldsymbol{e}_y \frac{\partial}{\partial y} f = \frac{\partial f}{\partial x}\boldsymbol{e}_x + \frac{\partial f}{\partial y}\boldsymbol{e}_y$$

となって勾配の定義式に一致する．

ここでもう一度確認しておこう．スカラー場 f に対し，勾配 ∇f とは，グラフ $z = f(x,y)$ を地形に見立てたときの各地点での最大傾斜に関する情報を与えるベクトル場である．その方向が最大傾斜の方向を与え，その大きさが最大傾斜の値を与える．

注意 6.1 ここで定義した勾配はスカラー場に対して定まるベクトル場になっている．それに対し，日常的に使う勾配という言葉は，上で用いた傾斜または最大傾斜という意味で使われることが多いだろう．以下では，とくに勾配がベクトル場であることを強調したいときには，勾配場という言葉を使うことにする．

【問題 6.2】 次の f で与えられるスカラー場に対し，勾配 ∇f を求めよ．また，原点における $\boldsymbol{u}$ 方向への方向微分係数を求めよ．

(1) $f(x,y) = 2x - y + 3$,　　$\boldsymbol{u} = \left(\dfrac{1}{\sqrt{2}}, -\dfrac{1}{\sqrt{2}}\right)$,

(2) $f(x,y) = x + y$,　　$\boldsymbol{u} = \left(\dfrac{1}{2}, \dfrac{\sqrt{3}}{2}\right)$,

(3) $f(x,y) = x^2 - 3\sin y$,　　$\boldsymbol{u} = (0, 1)$,

(4) $f(x,y) = y(x - ye^x)$,　　$\boldsymbol{u} = (1, 0)$.

【解】　(1) $\nabla f = (2, -1)$, $\boldsymbol{u} \cdot \nabla f(0,0) = \dfrac{3}{\sqrt{2}}$,

(2) $\nabla f = (1, 1)$, $\boldsymbol{u} \cdot \nabla f(0,0) = \dfrac{1 + \sqrt{3}}{2}$,

(3) $\nabla f = (2x, -3\cos y)$, $\boldsymbol{u} \cdot \nabla f(0,0) = -3$,

(4) $\nabla f = (y(1 - ye^x), x - 2ye^x)$, $\boldsymbol{u} \cdot \nabla f(0,0) = 0$.

【問題 6.3】　c がスカラー定数で，f と g がスカラー場であるとする．
(1) $\nabla(cf) = c\nabla f$,　　$\nabla(f + g) = \nabla f + \nabla g$ が成り立つことを示せ．
(2) $\nabla(fg) = g\nabla f + f\nabla g$ が成り立つことを示せ．

【解】　(1) 略，　(2) $\dfrac{\partial}{\partial x}(fg) = g\dfrac{\partial f}{\partial x} + f\dfrac{\partial g}{\partial x}$, $\dfrac{\partial}{\partial y}(fg) = g\dfrac{\partial f}{\partial y} + f\dfrac{\partial g}{\partial y}$ より，$\nabla(fg) = g\nabla f + f\nabla g$.

【問題 6.4】　スカラー場 $f(x,y)$ が与えられたとき，任意の点で ∇f とその点を通る等高線は直交していることを示せ．

【解】　$(x(s), y(s))$ によって等高線が表されているとすると，$f(x(s), y(s)) = $ 定数である．両辺を s で微分すれば，$\boldsymbol{t} \cdot \nabla f = 0$. ただし，$\boldsymbol{t} = \left(\dfrac{dx}{ds}, \dfrac{dy}{ds}\right)$ で，これは等高線の接線ベクトルである．

【問題 6.5】　次の $f(x,y)$ で与えられるスカラー場を等高線表示し，さらに勾配 ∇f を重ねて図示せよ．
(1) $f(x,y) = x$,　　(2) $f(x,y) = y^2$,　　(3) $f(x,y) = x^2 + y^2$,

(4) $f(x,y) = x^2 - y^2$, (5) $f(x,y) = y - x^2$.

【解】 図 6.5 参照. (1) $\nabla f = (1,0)$, (2) $\nabla f = (0, 2y)$, (3) $\nabla f = (2x, 2y)$, (4) $\nabla f = (2x, -2y)$, (5) $\nabla f = (-2x, 1)$.

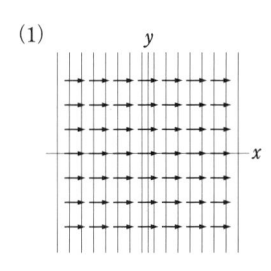

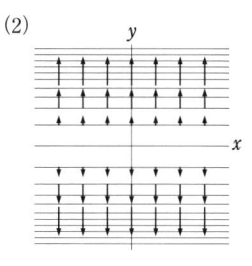

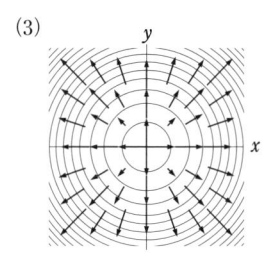

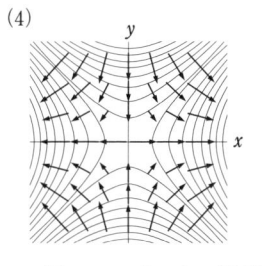

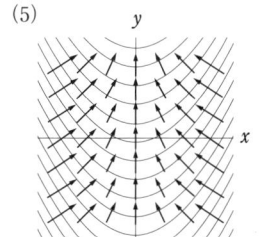

図 6.5 $f(x,y)$ の等高線とベクトル場 ∇f

地図では等高線の間隔が狭いところは傾斜がきつい．いいかえれば，勾配の絶対値が大きい．等高線の間隔と勾配の絶対値は反比例の関係にある．

合成関数の勾配 $h(x,y) = f(g(x,y))$ のような合成関数について ∇h を求めてみよう．

$$\frac{\partial h}{\partial x}(x,y) = f'(g(x,y))\frac{\partial g}{\partial x}(x,y),$$
$$\frac{\partial h}{\partial y}(x,y) = f'(g(x,y))\frac{\partial g}{\partial y}(x,y)$$

であるから，
$$\nabla h(x,y) = f'(g(x,y))\nabla g(x,y) \tag{6.4}$$
となる．これを使って次の問題を解いてみよう．

【問題 6.6】 $\boldsymbol{r} = (x,y)$, $r = |\boldsymbol{r}|$ とするとき，次を求めよ．

(1) ∇r, (2) $\nabla \sqrt{r}$, (3) $\nabla \dfrac{1}{r}$, (4) $\nabla \ln r$.

【解】 $r = (x^2+y^2)^{\frac{1}{2}}$. (1) $\nabla r = \left(\dfrac{x}{r}, \dfrac{y}{r}\right) = \dfrac{1}{r}\boldsymbol{r}$,
(2) $\nabla (r^{\frac{1}{2}}) = \dfrac{1}{2}r^{-\frac{1}{2}}\nabla r = \dfrac{1}{2}r^{-\frac{3}{2}}\boldsymbol{r}$, (3) $\nabla (r^{-1}) = -r^{-2}\nabla r = -r^{-3}\boldsymbol{r}$,
(4) $\nabla \ln r = \dfrac{1}{r}\nabla r = r^{-2}\boldsymbol{r}$.

6.2 発散

<u>発散の定義</u> まず例を考えてみよう．図 6.6 (a) は一様なベクトル場である．このベクトル場が水の流れを表していると思えば，ただただまっすぐに

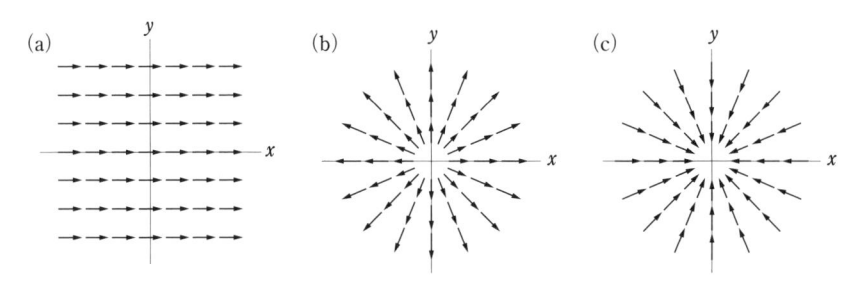

図 6.6 いろいろなベクトル場

左から右へ流れているだけで，どこからも水が湧き出してくる感じはしない．それに対して図 6.6 (b) はどうだろう．明らかに真ん中から水が湧き出てく

るように見えるだろう．逆に図 6.6 (c) では水が吸い込まれていくように見える．そこで，この湧き出したり吸い込まれたりする量について計算してみよう．まずベクトル場 $\boldsymbol{V} = (u, v)$ が与えられたとする．そして図 6.7 のように，ある点 (x, y) を中心とする 1 辺の長さ h の正方形 Q_h を考える．この

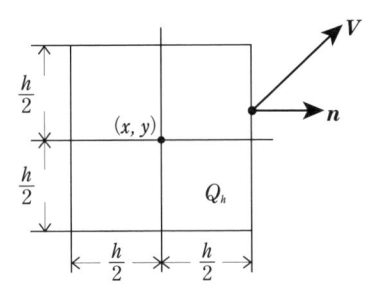

図 **6.7** 点 (x, y) を中心とする 1 辺の長さが h の正方形 Q_h

正方形から単位時間あたりどれだけの水があふれ出るかを計算する．すなわち，正方形の四辺を横切ってどれだけの水が正方形から流れ出るかを計算してみよう．正方形の各辺上での外向き単位法線ベクトルを $\boldsymbol{n}$ とし，この正方形から流れ出る単位時間あたりの流出量を $A(x, y; h)$ とすると，

$$A(x, y; h) = \int_{\partial Q_h} \boldsymbol{V} \cdot \boldsymbol{n} \, ds = A_1 + A_2 + A_3 + A_4,$$

$$A_1 = \int_{-\frac{h}{2}}^{\frac{h}{2}} u\left(x + \frac{h}{2}, y + s\right) ds,$$

$$A_2 = \int_{-\frac{h}{2}}^{\frac{h}{2}} v\left(x + s, y + \frac{h}{2}\right) ds,$$

$$A_3 = -\int_{-\frac{h}{2}}^{\frac{h}{2}} u\left(x - \frac{h}{2}, y + s\right) ds,$$

$$A_4 = -\int_{-\frac{h}{2}}^{\frac{h}{2}} v\left(x + s, y - \frac{h}{2}\right) ds.$$

ただし，∂Q_h は正方形 Q_h の境界を表し，A_1, A_2, A_3, A_4 はそれぞれ正方形の右辺，上辺，左辺，下辺を通って単位時間あたりに流出する水の量であ

る．このことを正方形の右辺について確認しておこう．右辺においてはこの正方形の外向きの単位法線ベクトル $\boldsymbol{n}$ は $\boldsymbol{e}_x = (1, 0)$ である．ゆえに右辺上の点 $\left(x + \dfrac{h}{2}, y+s\right)$ $\left(ただし，-\dfrac{h}{2} < s < \dfrac{h}{2}\right)$ での単位時間・単位長さあたりの流出量は $\boldsymbol{V} \cdot \boldsymbol{e}_x = u\left(x + \dfrac{h}{2}, y+s\right)$ で与えられる．よって A_1 は Q_h の右辺を通る単位時間あたりの流出量である．

【問題 6.7】 A_2, A_3, A_4 についても確認せよ．

【解】 略．

注意 6.2 ここで正方形 Q_h の境界を表すのに ∂Q_h という記号を使った．本書では以下，この記号をひんぱんに使用する．たとえば2次元空間の中の面領域 D に対して ∂D は領域 D の境界の曲線を表し，3次元空間の中の立体領域 D に対して ∂D は領域 D の境界の曲面を表すこととする．

【問題 6.8】 原点を中心とする1辺 h の正方形を考える．この正方形から単位時間にあふれ出る水の量 $A(0, 0; h)$ を次のベクトル場について計算せよ．
 (1) $\boldsymbol{V} = (1, 0)$, (2) $\boldsymbol{V} = (a, b)$（a, b は定数），
 (3) $\boldsymbol{V} = (cx, 0)$（c は定数）, (4) $\boldsymbol{V} = (px, qy)$（$p, q$ は定数）．

【解】 (1) $A_1 = h, A_3 = -h, A_2 = A_4 = 0$ より $A(0, 0; h) = 0$,
 (2) $A_1 = ah, A_2 = bh, A_3 = -ah, A_4 = -bh$ より $A(0, 0; h) = 0$,
 (3) $A_1 = A_3 = \dfrac{1}{2}ch^2, A_2 = A_4 = 0$ より $A(0, 0; h) = ch^2$,
 (4) $A_1 = A_3 = \dfrac{1}{2}ph^2, A_2 = A_4 = \dfrac{1}{2}qh^2$ より $A(0, 0; h) = (p+q)h^2$.

もし $A(x, y; h)$ が正とすると，水は正方形からあふれ出していることになるが，あふれ出すためにはあふれ出す分だけこの正方形内部で水が泉のように湧き出していなければならないはずである．よって $A(x, y; h)$ は正方形内

部における単位時間あたりの湧き出し量でもある．そこで，これを正方形の面積 h^2 で割ってやると，正方形内部における単位時間・単位面積あたりの湧き出し量が求められたことになる．したがって，正方形のサイズをどんどん小さくしていったときのこの湧き出し量の極限値を点 (x,y) における湧き出し量と定義すればよい．そこで，テイラー展開を用いてこの量を計算する．

$$u\left(x \pm \frac{h}{2}, y+s\right) = u(x,y) \pm \frac{h}{2}\frac{\partial u}{\partial x}(x,y) + s\frac{\partial u}{\partial y}(x,y)$$
$$+ \frac{1}{2}\left(\frac{h}{2}\right)^2 \frac{\partial^2 u}{\partial x^2} \pm \frac{h}{2}s\frac{\partial^2 u}{\partial x \partial y} + \frac{1}{2}s^2 \frac{\partial^2 u}{\partial y^2} + O(h^3)$$

であるから（テイラー展開に関しては付録を参照．誤差項が $O(h^3)$ と書けるのは，ここでは $|s| \leq \frac{h}{2}$ だからである），

$$A_1 + A_3 = \int_{-\frac{h}{2}}^{\frac{h}{2}} \left[h\frac{\partial u}{\partial x}(x,y) + hs\frac{\partial^2 u}{\partial x \partial y}(x,y) + O(h^3)\right] ds$$
$$= h^2 \frac{\partial u}{\partial x}(x,y) + O(h^4)$$

となる（$\left|\int_{-\frac{h}{2}}^{\frac{h}{2}} O(h^3) ds\right| \leq \int_{-\frac{h}{2}}^{\frac{h}{2}} Mh^3 \, ds = Mh^4$ に注意）．同様に，

$$A_2 + A_4 = \int_{-\frac{h}{2}}^{\frac{h}{2}} \left[h\frac{\partial v}{\partial y}(x,y) + hs\frac{\partial^2 v}{\partial x \partial y}(x,y) + O(h^3)\right] ds$$
$$= h^2 \frac{\partial v}{\partial y}(x,y) + O(h^4)$$

となる．よって，

$$A(x,y;h) = h^2\left(\frac{\partial u}{\partial x}(x,y) + \frac{\partial v}{\partial y}(x,y)\right) + O(h^4) \tag{6.5}$$

が成り立つ．点 (x,y) における湧き出し量 $\bar{A}(x,y)$ を

$$\bar{A}(x,y) = \lim_{h \to 0} \frac{A(x,y;h)}{h^2}$$

と定義すると，
$$\bar{A}(x,y) = \frac{\partial u}{\partial x}(x,y) + \frac{\partial v}{\partial y}(x,y)$$

となる．この量 $\bar{A}(x,y)$ をベクトル場 $(u(x,y), v(x,y))$ の点 (x,y) における**発散**または**湧き出し**と呼ぶ．本書では用語として**発散**のほうを用いることにする．各点 (x,y) でスカラー量 $\bar{A}(x,y)$ が計算できるので，$\bar{A}(x,y)$ 自体はスカラー場である．ベクトル場 $\boldsymbol{V} = (u,v)$ に対して得られるこのスカラー場を $\nabla \cdot \boldsymbol{V}$ と書く．すなわち，

$$\nabla \cdot \boldsymbol{V} = \frac{\partial u}{\partial x} + \frac{\partial v}{\partial y}. \tag{6.6}$$

なお，$\nabla \cdot \boldsymbol{V}$ は $\mathrm{div}\,\boldsymbol{V}$ とも書くが，本書では $\nabla \cdot \boldsymbol{V}$ の記法を用いることにする．

この記法を用いると (6.5) 式は，

$$\int_{\partial Q_h} \boldsymbol{V} \cdot \boldsymbol{n}\, ds = h^2\, \nabla \cdot \boldsymbol{V}(x,y) + O(h^4) \tag{6.7}$$

と表される．また，等価な式であるが，

$$\nabla \cdot \boldsymbol{V}(x,y) = \frac{1}{h^2} \int_{\partial Q_h} \boldsymbol{V} \cdot \boldsymbol{n}\, ds + O(h^2) \tag{6.8}$$

が成り立つ．

さてここで，勾配のところで $\nabla = \boldsymbol{e}_x \dfrac{\partial}{\partial x} + \boldsymbol{e}_y \dfrac{\partial}{\partial y}$ と定義した微分演算子 ∇ をベクトル場に対しても形式的に適用すると，上の発散の定義式 (6.6) が出てくることを確認しておこう．

$$\begin{aligned}
\nabla \cdot \boldsymbol{V} &= \left(\boldsymbol{e}_x \frac{\partial}{\partial x} + \boldsymbol{e}_y \frac{\partial}{\partial y}\right) \cdot (u\boldsymbol{e}_x + v\boldsymbol{e}_y) \\
&= \frac{\partial}{\partial x} u + \frac{\partial}{\partial y} v = \frac{\partial u}{\partial x} + \frac{\partial v}{\partial y}.
\end{aligned}$$

【問題 6.9】 次の各ベクトル場 $\boldsymbol{V}$ について，ベクトル場を図示し，発散 $\nabla \cdot \boldsymbol{V}$ を求めよ．

(1) $\boldsymbol{V}=(1,0)$, (2) $\boldsymbol{V}=(1,1)$, (3) $\boldsymbol{V}=(y,0)$,
(4) $\boldsymbol{V}=(0,x)$, (5) $\boldsymbol{V}=(x,0)$, (6) $\boldsymbol{V}=(0,-y)$,
(7) $\boldsymbol{V}=(x,y)$, (8) $\boldsymbol{V}=(-x,-y)$, (9) $\boldsymbol{V}=(x,-y)$,
(10) $\boldsymbol{V}=(-y,x)$, (11) $\boldsymbol{V}=(y,-x)$.

【解】 図 6.8 参照. (1) $\nabla\cdot\boldsymbol{V}=0$, (2) $\nabla\cdot\boldsymbol{V}=0$, (3) $\nabla\cdot\boldsymbol{V}=0$,
(4) $\nabla\cdot\boldsymbol{V}=0$, (5) $\nabla\cdot\boldsymbol{V}=1$, (6) $\nabla\cdot\boldsymbol{V}=-1$, (7) $\nabla\cdot\boldsymbol{V}=2$,
(8) $\nabla\cdot\boldsymbol{V}=-2$, (9) $\nabla\cdot\boldsymbol{V}=0$, (10) $\nabla\cdot\boldsymbol{V}=0$, (11) $\nabla\cdot\boldsymbol{V}=0$.

【問題 6.10】 c がスカラー定数, f がスカラー場, $\boldsymbol{U}$ と $\boldsymbol{V}$ がベクトル場であるとするとき, 次を示せ.
(1) $\nabla\cdot(c\boldsymbol{V})=c\nabla\cdot\boldsymbol{V}$, (2) $\nabla\cdot(\boldsymbol{U}+\boldsymbol{V})=\nabla\cdot\boldsymbol{U}+\nabla\cdot\boldsymbol{V}$,
(3) $\nabla\cdot(f\boldsymbol{V})=(\nabla f)\cdot\boldsymbol{V}+f\nabla\cdot\boldsymbol{V}$.

【解】 (1) 略, (2) 略, (3) $\boldsymbol{V}=(u,v)$ とすると, $\nabla\cdot(f\boldsymbol{V})=\dfrac{\partial}{\partial x}(fu)+\dfrac{\partial}{\partial y}(fv)=\dfrac{\partial f}{\partial x}u+f\dfrac{\partial u}{\partial x}+\dfrac{\partial f}{\partial y}v+f\dfrac{\partial v}{\partial y}=(\nabla f)\cdot\boldsymbol{V}+f\nabla\cdot\boldsymbol{V}$.

【問題 6.11】 $\boldsymbol{r}=x\boldsymbol{e}_x+y\boldsymbol{e}_y, r=|\boldsymbol{r}|$ とするとき,
(1) $\nabla\cdot\boldsymbol{r}$ を求めよ.
(2) $r\neq 0$ で $\nabla\cdot(r^n\boldsymbol{r})=0$ をみたす整数 n を求めよ.

【解】 (1) $\nabla\cdot\boldsymbol{r}=2$, (2) $\nabla\cdot(r^n\boldsymbol{r})=(\nabla r^n)\cdot\boldsymbol{r}+r^n\nabla\cdot\boldsymbol{r}=(n+2)r^n$ であるから $n=-2$.

<u>ラプラシアン</u> スカラー場 f の勾配 ∇f はベクトル場であるので, その発散 $\nabla\cdot(\nabla f)$ を考えることができる. $\nabla\cdot(\nabla f)$ はふたたびスカラー場であるが, このスカラー場 f を $\nabla^2 f$ と書く. これを計算すると,

$$\nabla^2 f=\frac{\partial^2 f}{\partial x^2}+\frac{\partial^2 f}{\partial y^2} \tag{6.9}$$

となり,

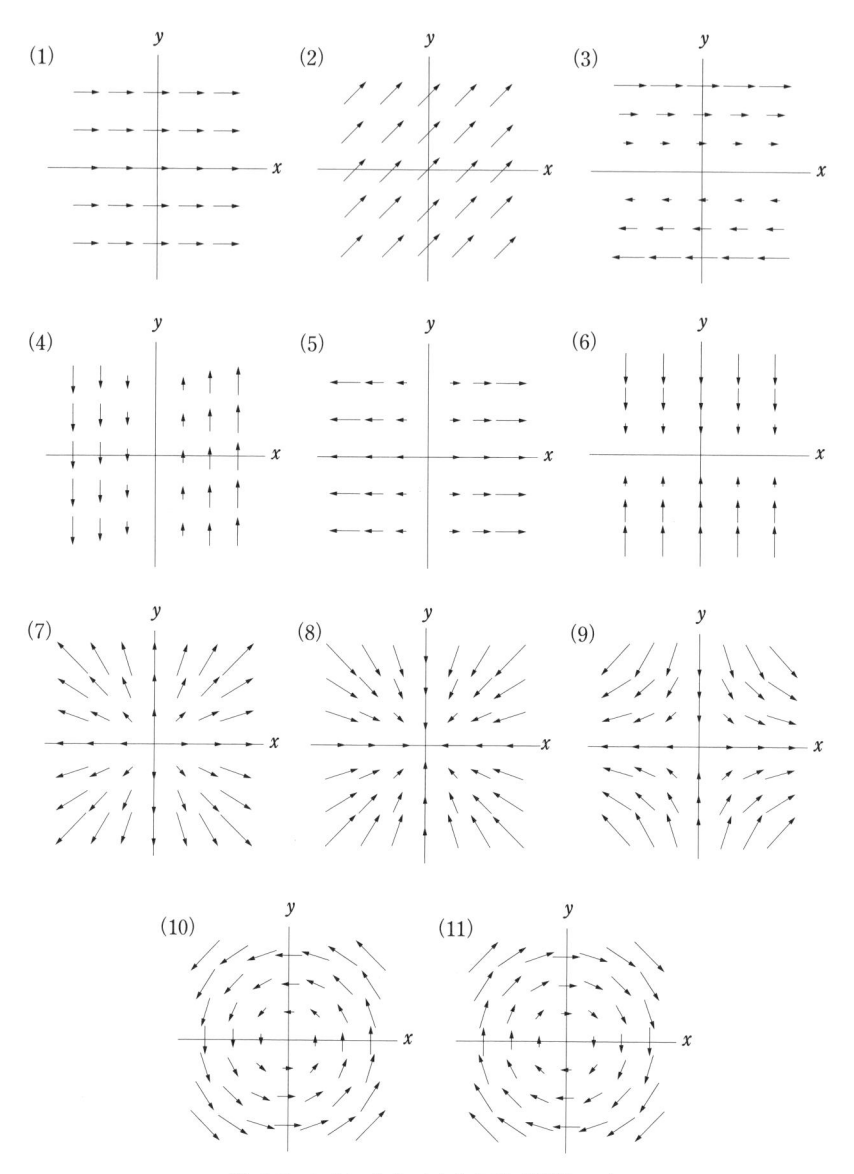

図 **6.8** いろいろなベクトル場（問題 6.9）

$$\nabla^2 = \frac{\partial^2}{\partial x^2} + \frac{\partial^2}{\partial y^2} \qquad (6.10)$$

と表すことができる．この微分演算子 ∇^2 はラプラシアンと呼ばれ，応用上重要ないろいろな偏微分方程式の中にひんぱんに登場してくるたいへん大事な演算子である．

なお，$\nabla^2 f$ を $\triangle f$ と書く場合もあるが本書では以下ラプラシアンの記法として ∇^2 を用いる．

【問題 6.12】 次のスカラー場 f に対し $\nabla^2 f$ を求めよ．
(1) $f(x,y) = ax + by + c$, (2) $f(x,y) = ax^2 + 2bxy + cy^2$,
(3) $f(x,y) = \sin mx \sin ny$, (4) $f(x,y) = \cos \pi mx \cos \pi ny$.

【解】 (1) $\nabla^2 f = 0$, (2) $\nabla^2 f = 2a + 2c$,
(3) $\nabla^2 f = -(m^2 + n^2) \sin mx \sin ny$,
(4) $\nabla^2 f = -\pi^2(m^2 + n^2) \cos \pi mx \cos \pi ny$.

【問題 6.13】 方程式 $\nabla^2 f = 0$ をみたす関数 $f(x,y)$ の例を2つ以上あげよ．

【解】 $f(x,y) = ax + by + c$, $f(x,y) = x^2 - y^2$, $f(x,y) = e^x \cos y$ など．

6.3 渦度

渦度の定義 　台風や竜巻，流しの排水口やトイレに水を流すときに見られる渦巻など，われわれは流体のつくるさまざまな渦というものを知っている．渦というのは流体がクルクル回転してできるものであろうということはだれにでも想像がつくが，渦の強さをどう計算するかについて考えてみよう．図 6.9 (a) のベクトル場は発散のところでも出てきた一様なベクトル場である．このベクトル場に沿って流れる水は回転しているとは思えない．また，図 6.9 (b) は湧き出すベクトル場であったが，これも回転しているとは言い難いだろう．それに対し，図 6.9 (c) のベクトル場はいかにも回転していそう

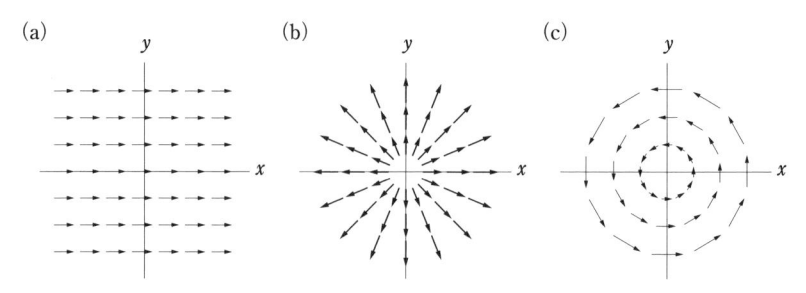

図 **6.9** いろいろなベクトル場

である．ここでは，この直観を数量化してみよう．発散のときと同じように，まず点 (x,y) を中心とする1辺 h の正方形を考える．そして今度は，単位時間に辺を横切っていく水の量ではなく，辺に沿って流れる水の量を測ることで水が回っている度合を測るのである．図 6.10 のように，反時計回りの方

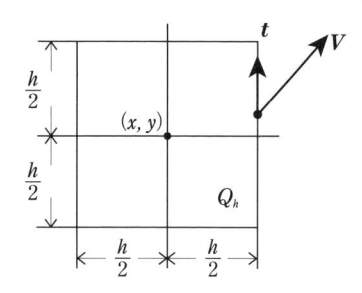

図 **6.10** 点 (x,y) を中心とする1辺の長さが h の正方形 Q_h

向を正の回転方向としておき，t をその正の方向を持った単位接線ベクトルとする．発散の場合との違いは，正方形の辺に沿って積分される量が $\boldsymbol{V}\cdot\boldsymbol{n}$ でなく $\boldsymbol{V}\cdot\boldsymbol{t}$ であることである．辺に沿った水の単位時間あたりの循環量を $\Omega(x,y;h)$ とすると，

$$\Omega(x,y;h) = \int_{\partial Q_h} \boldsymbol{V}\cdot\boldsymbol{t}\, ds = \Omega_1 + \Omega_2 + \Omega_3 + \Omega_4,$$

$$\Omega_1 = \int_{-\frac{h}{2}}^{\frac{h}{2}} v\left(x+\frac{h}{2}, y+s\right) ds,$$

$$\Omega_2 = -\int_{-\frac{h}{2}}^{\frac{h}{2}} u\left(x+s, y+\frac{h}{2}\right) ds,$$

$$\Omega_3 = -\int_{-\frac{h}{2}}^{\frac{h}{2}} v\left(x-\frac{h}{2}, y+s\right) ds,$$

$$\Omega_4 = \int_{-\frac{h}{2}}^{\frac{h}{2}} u\left(x+s, y-\frac{h}{2}\right) ds.$$

ただし，$\Omega_1, \Omega_2, \Omega_3, \Omega_4$ はそれぞれ正方形の右辺，上辺，左辺，下辺に沿っての循環量である．このことを正方形の右辺において確認しておこう．右辺においてはこの正方形に反時計回りに接する単位ベクトルは $\bm{e}_y = (0,1)$ である．ゆえに右辺上の点 $\left(x+\frac{h}{2}, y+s\right)$ $\left(\text{ただし，}-\frac{h}{2} < s < \frac{h}{2}\right)$ での流速ベクトル $\bm{V}$ の接線ベクトル方向への射影は $\bm{V} \cdot \bm{e}_y = v\left(x+\frac{h}{2}, y+s\right)$ で与えられる．

【問題 6.14】 $\Omega_2, \Omega_3, \Omega_4$ についても確認せよ．

【解】 略．

$\Omega_1, \Omega_2, \Omega_3, \Omega_4$ を発散のときと同様にテイラー展開を用いて計算すると，

$$\Omega(x, y; h) = h^2\left(\frac{\partial v}{\partial x}(x,y) - \frac{\partial u}{\partial y}(x,y)\right) + O(h^4) \tag{6.11}$$

となる．

【問題 6.15】 これを確かめよ．

【解】

$$\Omega_1 + \Omega_3 = \int_{-\frac{h}{2}}^{\frac{h}{2}} \left[h\frac{\partial v}{\partial x}(x,y) + hs\frac{\partial^2 v}{\partial x \partial y}(x,y) + O(h^3)\right] ds$$
$$= h^2 \frac{\partial v}{\partial x}(x,y) + O(h^4),$$

$$\Omega_2 + \Omega_4 = \int_{-\frac{h}{2}}^{\frac{h}{2}} \left[-h\frac{\partial u}{\partial y}(x,y) - hs\frac{\partial^2 u}{\partial x \partial y}(x,y) + O(h^3) \right] ds$$
$$= -h^2 \frac{\partial u}{\partial y}(x,y) + O(h^4)$$

より示される．

発散と同様に点 (x,y) における渦度 $\bar{\Omega}(x,y)$ を，

$$\bar{\Omega}(x,y) = \lim_{h \to 0} \frac{\Omega(x,y;h)}{h^2}$$

と定義すると，

$$\bar{\Omega}(x,y) = \frac{\partial v}{\partial x}(x,y) - \frac{\partial u}{\partial y}(x,y)$$

となる．これは形式的に，

$$[\nabla \ \boldsymbol{V}] = \left| \begin{array}{cc} \frac{\partial}{\partial x} & \frac{\partial}{\partial y} \\ u & v \end{array} \right|$$

と書くことができる．以下では渦度に対してはこの記法を用いることにする．すると (6.11) 式は，

$$\int_{\partial Q_h} \boldsymbol{V} \cdot \boldsymbol{t} \, ds = h^2 \, [\nabla \ \boldsymbol{V}](x,y) + O(h^4) \tag{6.12}$$

と表される．$d\boldsymbol{r} = \boldsymbol{t}\, ds$ と書けるので，$\int_{\partial Q_h} \boldsymbol{V} \cdot \boldsymbol{t} \, ds$ は $\int_{\partial Q_h} \boldsymbol{V} \cdot d\boldsymbol{r}$ と書くことができる．よって，(6.12) 式は，

$$\int_{\partial Q_h} \boldsymbol{V} \cdot d\boldsymbol{r} = h^2 \, [\nabla \ \boldsymbol{V}](x,y) + O(h^4) \tag{6.13}$$

と表すこともできる．また，等価な式であるが，

$$[\nabla \ \boldsymbol{V}](x,y) = \frac{1}{h^2} \int_{\partial Q_h} \boldsymbol{V} \cdot d\boldsymbol{r} + O(h^2) \tag{6.14}$$

が成り立つ．

注意 6.3 次の章で出てくるが，3次元空間では渦度にあたるものを，回転と呼ぶ．本書では2次元と3次元で渦度と回転というように，呼び名を区別している．

【問題 6.16】 次の各ベクトル場 $\boldsymbol{V}$ について（問題6.9と同じ），もう一度ベクトル場を図示して，渦度 $[\nabla\ \boldsymbol{V}]$ を求めよ．

(1) $\boldsymbol{V} = (1, 0)$, (2) $\boldsymbol{V} = (1, 1)$, (3) $\boldsymbol{V} = (y, 0)$,
(4) $\boldsymbol{V} = (0, x)$, (5) $\boldsymbol{V} = (x, 0)$, (6) $\boldsymbol{V} = (0, -y)$,
(7) $\boldsymbol{V} = (x, y)$, (8) $\boldsymbol{V} = (-x, -y)$, (9) $\boldsymbol{V} = (x, -y)$,
(10) $\boldsymbol{V} = (-y, x)$, (11) $\boldsymbol{V} = (y, -x)$.

【解】 (1) $[\nabla\ \boldsymbol{V}] = 0$, (2) $[\nabla\ \boldsymbol{V}] = 0$, (3) $[\nabla\ \boldsymbol{V}] = -1$,
(4) $[\nabla\ \boldsymbol{V}] = 1$, (5) $[\nabla\ \boldsymbol{V}] = 0$, (6) $[\nabla\ \boldsymbol{V}] = 0$,
(7) $[\nabla\ \boldsymbol{V}] = 0$, (8) $[\nabla\ \boldsymbol{V}] = 0$, (9) $[\nabla\ \boldsymbol{V}] = 0$,
(10) $[\nabla\ \boldsymbol{V}] = 2$, (11) $[\nabla\ \boldsymbol{V}] = -2$. 図は，図6.8参照．

【問題 6.17】 平面全体があたかも剛体のごとく，原点の回りに一定の角速度 ω で回転しているとする．そのとき，各点の速度ベクトルによって与えられるベクトル場 $\boldsymbol{V}$ は $\boldsymbol{V} = (-\omega y, \omega x)$ で表されることを示し，その渦度を求めよ．

【解】 原点から r だけ離れた点の運動は $\boldsymbol{r}(t) = (r\cos(\omega t + \theta_0), r\sin(\omega t + \theta_0))$ と表せる．この点の速度ベクトルは $\boldsymbol{v}(t) = (-\omega r \sin(\omega t + \theta_0), \omega r \cos(\omega t + \theta_0))$ である．このことから $\boldsymbol{r}(t)$ と $\boldsymbol{v}(t)$ の関係は $\boldsymbol{v}(t) = \omega R_{\frac{\pi}{2}} \boldsymbol{r}(t)$ である．ただし $R_{\frac{\pi}{2}}$ は $\dfrac{\pi}{2}$ の反時計回りの回転を表す1次変換である．この関係は運動している点がどこにあっても成り立つので，$\boldsymbol{V} = \omega R_{\frac{\pi}{2}} \boldsymbol{r} = (-\omega y, \omega x)$ である．この $\boldsymbol{V}$ に対しては $[\nabla\ \boldsymbol{V}] = 2\omega$ となる．

【問題 6.18】 c がスカラー定数，f がスカラー場，$\boldsymbol{U}$ と $\boldsymbol{V}$ がベクトル場であるとするとき，次を示せ．

(1) $[\nabla\ c\boldsymbol{V}] = c[\nabla\ \boldsymbol{V}]$,　　(2) $[\nabla\ \boldsymbol{U}+\boldsymbol{V}] = [\nabla\ \boldsymbol{U}] + [\nabla\ \boldsymbol{V}]$,
(3) $[\nabla\ f\boldsymbol{V}] = [\nabla f\ \boldsymbol{V}] + f[\nabla\ \boldsymbol{V}]$.

【解】　(1) 略，　(2) 略，　(3) $\boldsymbol{V} = (u, v)$ とすると, $[\nabla\ f\boldsymbol{V}] = \dfrac{\partial}{\partial x}(fv) - \dfrac{\partial}{\partial y}(fu) = \dfrac{\partial f}{\partial x}v + f\dfrac{\partial v}{\partial x} - \dfrac{\partial f}{\partial y}u - f\dfrac{\partial u}{\partial y} = [\nabla f\ \boldsymbol{V}] + f[\nabla\ \boldsymbol{V}]$.

【問題 6.19】　$\boldsymbol{r} = x\boldsymbol{e}_x + y\boldsymbol{e}_y$, $r = |\boldsymbol{r}|$ とするとき，
(1) $[\nabla\ \boldsymbol{r}]$ を求めよ．
(2) $[\nabla\ f(r)\boldsymbol{r}]$ を求めよ．

【解】　(1) $[\nabla\ \boldsymbol{r}] = 0$,
(2) $[\nabla\ f(r)\boldsymbol{r}] = [\nabla f(r)\ \boldsymbol{r}] + f(r)[\nabla\ \boldsymbol{r}] = \dfrac{f'(r)}{r}[\boldsymbol{r}\ \boldsymbol{r}] = 0$.

【問題 6.20】　f をスカラー場とするとき，∇f の渦度はつねに 0 であることを示せ．

【解】　$[\nabla\ \nabla f] = \begin{vmatrix} \dfrac{\partial}{\partial x} & \dfrac{\partial}{\partial y} \\ \dfrac{\partial f}{\partial x} & \dfrac{\partial f}{\partial y} \end{vmatrix} = \dfrac{\partial^2 f}{\partial x \partial y} - \dfrac{\partial^2 f}{\partial y \partial x} = 0$.

この問題から，「勾配場は渦なしである」という性質がわかる．

【問題 6.21】　勾配場でないようなベクトル場の例をあげよ．

【解】　渦ありのベクトル場は勾配場ではありえないのであるから，例えば $\boldsymbol{V} = (-y, x)$, $\boldsymbol{V} = (y, 0)$ など．

6.4 極座標

読者がベクトル解析を実際的な問題について利用しようとするとき，場合によっては標準的な xy 座標を用いるよりも極座標を用いるほうがよいこと

もある．第 2 章で述べたように，位置の表現に極座標が用いられている場合には，ベクトル場の成分表示のための基底として $\{e_r, e_\theta\}$ を用いる．まずスカラー場 $f(r,\theta)$ に対して ∇f を求めてみよう．

【問題 6.22】 次の公式を示せ．
$$\nabla f = \frac{\partial f}{\partial r} e_r + \frac{1}{r}\frac{\partial f}{\partial \theta} e_\theta. \tag{6.15}$$

【解】 (2.12) 式と問題 2.11 を用いて，
$$\begin{aligned}
\nabla f &= \frac{\partial f}{\partial x} e_x + \frac{\partial f}{\partial y} e_y \\
&= \left(\cos\theta \frac{\partial f}{\partial r} - \frac{1}{r}\sin\theta \frac{\partial f}{\partial \theta}\right)(\cos\theta\, e_r - \sin\theta\, e_\theta) \\
&\quad + \left(\sin\theta \frac{\partial f}{\partial r} + \frac{1}{r}\cos\theta \frac{\partial f}{\partial \theta}\right)(\sin\theta\, e_r + \cos\theta\, e_\theta) \\
&= \frac{\partial f}{\partial r} e_r + \frac{1}{r}\frac{\partial f}{\partial \theta} e_\theta.
\end{aligned}$$

とくに，f が r のみに依存するスカラー場 $f(r)$ であったときには，
$$\nabla f = f'(r) e_r. \tag{6.16}$$

【問題 6.23】 次のスカラー場 f に対し ∇f を求めよ．
(1) $f(r) = r^n$ (ただし，n は整数)，　(2) $f(r) = \ln r$．

【解】 いずれもスカラー場 f は変数 r のみに依存しているので，
(1) $\nabla f = nr^{n-1} e_r$，　(2) $\nabla f = \dfrac{1}{r} e_r$．

次に，ベクトル場 $\boldsymbol{V}$ が，
$$\boldsymbol{V}(r,\theta) = P(r,\theta) e_r + Q(r,\theta) e_\theta$$

という形で与えられているとき，$\nabla \cdot \boldsymbol{V}$ を計算してみる．

【問題 6.24】 次の公式を示せ.
$$\nabla \cdot \boldsymbol{V} = \frac{\partial P}{\partial r} + \frac{1}{r}P + \frac{1}{r}\frac{\partial Q}{\partial \theta}$$
$$= \frac{1}{r}\frac{\partial}{\partial r}(rP) + \frac{1}{r}\frac{\partial Q}{\partial \theta}. \tag{6.17}$$

【解】 $\boldsymbol{V} = u\boldsymbol{e}_x + v\boldsymbol{e}_y$ とおくと, $u = P\cos\theta - Q\sin\theta$, $v = P\sin\theta + Q\cos\theta$ であるから, (2.12) 式を用いて

$$\frac{\partial u}{\partial x} = \left(\cos\theta\frac{\partial}{\partial r} - \frac{\sin\theta}{r}\frac{\partial}{\partial \theta}\right)(P\cos\theta - Q\sin\theta)$$
$$= \cos\theta\left(\frac{\partial P}{\partial r}\cos\theta - \frac{\partial Q}{\partial r}\sin\theta\right)$$
$$- \frac{\sin\theta}{r}\left(\frac{\partial P}{\partial \theta}\cos\theta - P\sin\theta - \frac{\partial Q}{\partial \theta}\sin\theta - Q\cos\theta\right),$$
$$\frac{\partial v}{\partial y} = \left(\sin\theta\frac{\partial}{\partial r} + \frac{\cos\theta}{r}\frac{\partial}{\partial \theta}\right)(P\sin\theta + Q\cos\theta)$$
$$= \sin\theta\left(\frac{\partial P}{\partial r}\sin\theta + \frac{\partial Q}{\partial r}\cos\theta\right)$$
$$+ \frac{\cos\theta}{r}\left(\frac{\partial P}{\partial \theta}\sin\theta + P\cos\theta + \frac{\partial Q}{\partial \theta}\cos\theta - Q\sin\theta\right).$$

ゆえに, $\dfrac{\partial u}{\partial x} + \dfrac{\partial v}{\partial y} = \dfrac{\partial P}{\partial r} + \dfrac{1}{r}P + \dfrac{1}{r}\dfrac{\partial Q}{\partial \theta}$.

【問題 6.25】 スカラー場 $f(r,\theta)$ が与えられたとき,
$$\nabla^2 f = \frac{\partial^2 f}{\partial r^2} + \frac{1}{r}\frac{\partial f}{\partial r} + \frac{1}{r^2}\frac{\partial^2 f}{\partial \theta^2}$$
$$= \frac{1}{r}\frac{\partial}{\partial r}\left(r\frac{\partial f}{\partial r}\right) + \frac{1}{r^2}\frac{\partial^2 f}{\partial \theta^2} \tag{6.18}$$

であることを示せ.

【解】 $\nabla f = \dfrac{\partial f}{\partial r}\boldsymbol{e}_r + \dfrac{1}{r}\dfrac{\partial f}{\partial \theta}\boldsymbol{e}_\theta$ であるから, (6.17) 式において $P = \dfrac{\partial f}{\partial r}$, $Q = \dfrac{1}{r}\dfrac{\partial f}{\partial \theta}$ とすればよい.

とくに，f が r のみに依存する場合，次が成り立つ．
$$\nabla^2 f = f''(r) + \frac{1}{r}f'(r) = \frac{1}{r}(rf'(r))'. \tag{6.19}$$

【問題 6.26】 次のスカラー場 $f(r,\theta)$ について $\nabla^2 f$ を求めよ．

(1) $f(r,\theta) = r\cosh r$, (2) $f(r,\theta) = r^n$, (3) $f(r,\theta) = r^2\cos 2\theta$.

【解】 (1) $\nabla^2 f = 3\sinh r + \left(r + \dfrac{1}{r}\right)\cosh r$, (2) $\nabla^2 f = n^2 r^{n-2}$,

(3) $\nabla^2 f = 0$.

【問題 6.27】 r のみに依存するスカラー場 $f = f(r)$ で $\nabla^2 f = 0$ をみたすものを求めよ．

【解】 $\nabla^2 f = \dfrac{1}{r}(rf'(r))'$ であるから，$rf'(r) = c_1$ であり，
$$f(r) = c_0 + c_1 \ln r$$
である（ただし，c_0, c_1 は定数）．

上の問題 6.27 に出てきた方程式 $\nabla^2 f = 0$ は**ラプラス方程式**と呼ばれる重要な方程式である．ラプラス方程式をみたす関数を**調和関数**と呼ぶ．この問題より，r のみに依存する調和関数は定数の自由度を除けば $\ln r$ のみであることがわかる．ただしこれは空間が 2 次元である場合だけである．空間次元が 3 のときは，r のみに依存する調和関数として $\ln r$ の代わりに別の関数が出てくる（問題 7.17 参照）．

勾配・発散を求めたので，ついでに渦度も求めておこう．

【問題 6.28】 ベクトル場が $\boldsymbol{V} = P(r,\theta)\boldsymbol{e}_r + Q(r,\theta)\boldsymbol{e}_\theta$ で与えられたとき，渦度 $[\nabla\ \boldsymbol{V}]$ は次のようになることを示せ．
$$\begin{aligned}[][\nabla\ \boldsymbol{V}] &= \frac{\partial Q}{\partial r} + \frac{1}{r}Q - \frac{1}{r}\frac{\partial P}{\partial \theta} \\ &= \frac{1}{r}\frac{\partial}{\partial r}(rQ) - \frac{1}{r}\frac{\partial P}{\partial \theta}. \end{aligned} \tag{6.20}$$

【解】 $V = ue_x + ve_y$ とおくと，$u = P\cos\theta - Q\sin\theta$, $v = P\sin\theta + Q\cos\theta$ であるから，(2.12) 式を用いて，

$$\frac{\partial v}{\partial x} = \left(\cos\theta \frac{\partial}{\partial r} - \frac{\sin\theta}{r}\frac{\partial}{\partial \theta}\right)(P\sin\theta + Q\cos\theta)$$

$$= \cos\theta\left(\frac{\partial P}{\partial r}\sin\theta + \frac{\partial Q}{\partial r}\cos\theta\right)$$

$$- \frac{\sin\theta}{r}\left(\frac{\partial P}{\partial \theta}\sin\theta + P\cos\theta + \frac{\partial Q}{\partial \theta}\cos\theta - Q\sin\theta\right),$$

$$\frac{\partial u}{\partial y} = \left(\sin\theta\frac{\partial}{\partial r} + \frac{\cos\theta}{r}\frac{\partial}{\partial \theta}\right)(P\cos\theta - Q\sin\theta)$$

$$= \sin\theta\left(\frac{\partial P}{\partial r}\cos\theta - \frac{\partial Q}{\partial r}\sin\theta\right)$$

$$+ \frac{\cos\theta}{r}\left(\frac{\partial P}{\partial \theta}\cos\theta - P\sin\theta - \frac{\partial Q}{\partial \theta}\sin\theta - Q\cos\theta\right)$$

より示せる．

【問題 6.29】 平面全体が角速度 ω で剛体回転しているときの速度場 V を $V = P(r,\theta)e_r + Q(r,\theta)e_\theta$ の形に書き，それを用いて渦度 $[\nabla\ V]$ を求めよ．

【解】 明らかに $P(r,\theta) = 0$, $Q(r,\theta) = \omega r$ である．ゆえに，$[\nabla\ V] = \frac{1}{r}\frac{d}{dr}(\omega r^2) = 2\omega$.

6.5 保存場と線積分

ベクトル場・スカラー場について前章までで積分を，そして本章で微分を学んできたが，両者の間の関係を見てみることにしよう．

<u>ベクトル場の線積分</u>　　ここで線積分の復習もかねて，いくつかの計算問題をやってみよう．

【問題 6.30】 図 6.11 (a), (b) のように $(0,0)$ を始点とする 6 通りの曲線 C_i $(i=1,\ldots,6)$ を考える．次のそれぞれのベクトル場 $\boldsymbol{V}$ について，

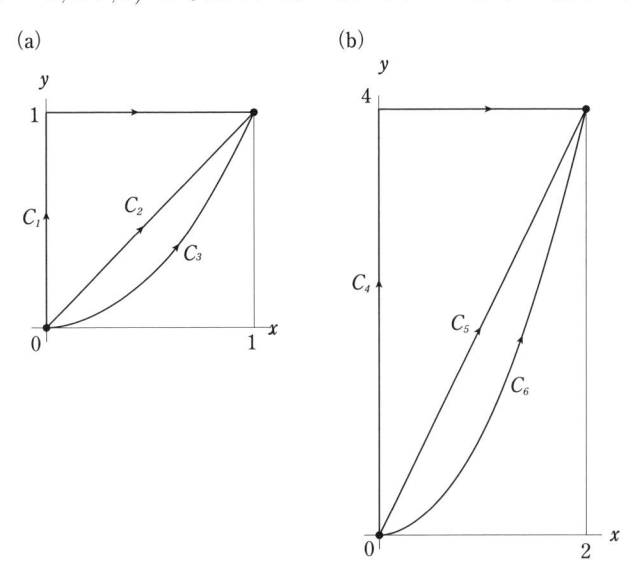

図 6.11 6つの積分路，C_3 と C_6 は放物線 $y=x^2$ の一部である

C_i $(i=1,\ldots,6)$ 上の線積分 $\displaystyle\int_{C_i} \boldsymbol{V}\cdot d\boldsymbol{r}$ を計算せよ．

(1) $\boldsymbol{V}=(x,y)$, (2) $\boldsymbol{V}=(y,x)$, (3) $\boldsymbol{V}=(y,2x)$.

【解】

(1) $\displaystyle\int_{C_1}\boldsymbol{V}\cdot d\boldsymbol{r}=\int_{C_2}\boldsymbol{V}\cdot d\boldsymbol{r}=\int_{C_3}\boldsymbol{V}\cdot d\boldsymbol{r}=1,$

$\displaystyle\int_{C_4}\boldsymbol{V}\cdot d\boldsymbol{r}=\int_{C_5}\boldsymbol{V}\cdot d\boldsymbol{r}=\int_{C_6}\boldsymbol{V}\cdot d\boldsymbol{r}=10,$

(2) $\displaystyle\int_{C_1}\boldsymbol{V}\cdot d\boldsymbol{r}=\int_{C_2}\boldsymbol{V}\cdot d\boldsymbol{r}=\int_{C_3}\boldsymbol{V}\cdot d\boldsymbol{r}=1,$

$\displaystyle\int_{C_4}\boldsymbol{V}\cdot d\boldsymbol{r}=\int_{C_5}\boldsymbol{V}\cdot d\boldsymbol{r}=\int_{C_6}\boldsymbol{V}\cdot d\boldsymbol{r}=8,$

(3) $\displaystyle\int_{C_1} \boldsymbol{V} \cdot d\boldsymbol{r} = 1, \int_{C_2} \boldsymbol{V} \cdot d\boldsymbol{r} = \frac{3}{2}, \int_{C_3} \boldsymbol{V} \cdot d\boldsymbol{r} = \frac{5}{3},$
$\displaystyle\int_{C_4} \boldsymbol{V} \cdot d\boldsymbol{r} = 8, \int_{C_5} \boldsymbol{V} \cdot d\boldsymbol{r} = 12, \int_{C_6} \boldsymbol{V} \cdot d\boldsymbol{r} = \frac{40}{3}.$

上の問題で (1) と (2) の結果だけを見ていると，線積分の結果は終点には依存するが，終点に至る経路には依存していないように見える．しかし，(3) ではそうなってはいない．すなわち終点が同じでも経路によって線積分の値は変わっている．この違いは何からくるのであろうか．

勾配場の線積分　　ここで，スカラー場の勾配で定まるベクトル場については，そのベクトル場の経路に沿った線積分は始点と終点のみで決まることを示そう．いま，あるスカラー場 f によってベクトル場が ∇f と表されているとする．図 6.12 のように，始点が $\boldsymbol{r}_0$，終点が $\boldsymbol{r}_1$ であるような曲線 C をとる．C はパラメータ t を用いて $\boldsymbol{r}(t)$ によって表現されているとしよう．ただし，簡単のため $t=0$ が始点に $t=1$ が終点に対応しているとする．すなわち，$\boldsymbol{r}(0) = \boldsymbol{r}_0, \boldsymbol{r}(1) = \boldsymbol{r}_1$ である．この曲線 C に沿う f の値は $f(\boldsymbol{r}(t))$ によって表される．これは区間 $[0,1]$ 上の実数値関数であるから，微積分の基本公式（第 8 章の (8.1) 式参照）を用いると，

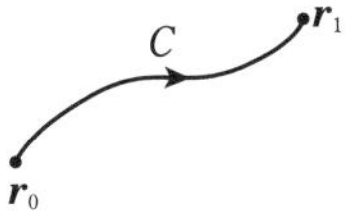

図 6.12

$$\int_0^1 \frac{d}{dt} f(\boldsymbol{r}(t)) dt = f(\boldsymbol{r}(1)) - f(\boldsymbol{r}(0))$$

が成り立つ．連鎖律より $\dfrac{d}{dt} f(\boldsymbol{r}(t)) = \nabla f \cdot \dfrac{d\boldsymbol{r}}{dt}$ であるので，

$$\int_0^1 \frac{d}{dt} f(\boldsymbol{r}(t)) dt = \int_0^1 \nabla f \cdot \frac{d\boldsymbol{r}}{dt} dt = \int_C \nabla f \cdot d\boldsymbol{r}.$$

よって次が示された．

$$\int_C \nabla f \cdot d\boldsymbol{r} = f(\boldsymbol{r}_1) - f(\boldsymbol{r}_0). \tag{6.21}$$

これで勾配場 ∇f の線積分は「曲線の始点と終点のみで決まり，途中でどこを通るかということにはまったく依存しない」ということが示された．

【問題 6.31】 C が閉曲線であるとき，勾配場の C 上の線積分はつねに 0 となることを示せ．

【解】 C が閉曲線の場合，始点と終点を一致させてとることができるから，(6.21) 式の右辺は 0 となる．

【問題 6.32】 (6.21) 式を用いて問題 6.30 の (1) と (2) をもう一度計算してみよ．

【解】 (1) は $f(x,y) = \dfrac{1}{2}x^2 + \dfrac{1}{2}y^2$, (2) は $f(x,y) = xy$ というスカラー場 f を用いて $\displaystyle\int_{C_i} \nabla f \cdot d\boldsymbol{r}$ と書けることを用いると，

(1) $\displaystyle\int_{C_i} \nabla f \cdot d\boldsymbol{r} = f(1,1) - f(0,0) = 1 \; (i = 1, 2, 3),$

$\displaystyle\int_{C_i} \nabla f \cdot d\boldsymbol{r} = f(2,4) - f(0,0) = 10 \; (i = 4, 5, 6),$

(2) $\displaystyle\int_{C_i} \nabla f \cdot d\boldsymbol{r} = f(1,1) - f(0,0) = 1 \; (i = 1, 2, 3),$

$\displaystyle\int_{C_i} \nabla f \cdot d\boldsymbol{r} = f(2,4) - f(0,0) = 8 \; (i = 4, 5, 6).$

実際に計算してみるとわかるであろうが，勾配場の線積分は苦労して途中の経路の積分を計算しなくてもよいところがありがたい．

保存場 力学においては，質点に加わる力が質点の位置のみによって決まり，あるスカラー場の勾配によって力の場が定められているとき，この力を**保存力**と呼ぶ．それは，このような力の場によって運動する質点の力学的エネルギーが保存されるからである．さらに，保存力 $\boldsymbol{F}$ がスカラー場 U によって $\boldsymbol{F} = -\nabla U$ と書かれているとき，U をこの力の場の**ポテンシャル**という．

なお，力学的エネルギーとは，「運動エネルギー」+「ポテンシャル」のことであり，「保存する」とは時間的に変化しないことを意味している．

【問題 6.33】 このことを示せ．

【解】 質量 m の質点の時刻 t における位置を $\boldsymbol{r}(t)$，速度を $\boldsymbol{v}(t)$ とする．質点に関する運動方程式は，

$$m\frac{d\boldsymbol{v}}{dt} = -\nabla U$$

である．この質点の力学的エネルギーは $E(\boldsymbol{r},\boldsymbol{v}) = \frac{1}{2}m|\boldsymbol{v}|^2 + U(\boldsymbol{r})$ と書けるので，

$$\frac{d}{dt}E(\boldsymbol{r}(t),\boldsymbol{v}(t)) = m\boldsymbol{v}\cdot\frac{d\boldsymbol{v}}{dt} + \nabla U\cdot\boldsymbol{v} = \boldsymbol{v}\cdot\left(m\frac{d\boldsymbol{v}}{dt} + \nabla U\right) = 0$$

であるから質点の持つ力学的エネルギーは時間的に変化しない．

力学における用語にちなんで，あるスカラー場の勾配になっているベクトル場を**保存場**と呼ぶ．

【問題 6.34】 $\boldsymbol{V} = (y, 2x)$ は保存場でないことを示せ．

【解】 もし保存場ならばその線積分は途中の経路に依存しないはずであるが，問題 6.30 (3) で計算したようにこのベクトル場には経路依存性がある．

ここで，ベクトル場 $\boldsymbol{V}$ が与えられたとき，それが保存場であるかどうかを判定するための条件について述べよう．それは次の形で与えられる．

2 次元平面全体で定義されたベクトル場 $\boldsymbol{V} = (u, v)$ が保存場であるための必要十分条件は，$\boldsymbol{V}$ が**渦なし**であることである．すなわち，

$$[\nabla\ \boldsymbol{V}] = 0. \tag{6.22}$$

成分で書けば，

$$\frac{\partial v}{\partial x} = \frac{\partial u}{\partial y} \tag{6.23}$$

が成り立つことである．

　もちろん，保存場が渦なしであるのは明らかなので（問題 6.20），渦なしのベクトル場が保存場であることを示しておこう．このためには，$\bm{V} = \nabla f$ をみたす f を構成できればよい．さらにこのような f は (6.21) 式からわかるように $\bm{V}$ の線積分で書かれていなければならない．そこで，次のように f を構成する．$f(x,y)$ を図 6.13 のように，$(0,0)$ から $(x,0)$ へ，さらに (x,y) に至る経路 C に沿った $\bm{V}$ の線積分で定義する．すなわち，$f(x,y) = \int_C \bm{V} \cdot d\bm{r}$ によって $f(x,y)$ を定義する．

【問題 6.35】

$$f(x,y) = \int_0^x u(\xi,0)d\xi + \int_0^y v(x,\eta)d\eta$$

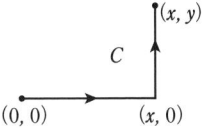

図 6.13　折れ線による積分路

であることを確かめよ．

【解】　C のうち $(0,0)$ から $(x,0)$ に至る部分を C_1，$(x,0)$ から (x,y) に至る部分を C_2 とすると，$\int_C \bm{V} \cdot d\bm{r} = \int_{C_1} \bm{V} \cdot d\bm{r} + \int_{C_2} \bm{V} \cdot d\bm{r}$ である．C_1 は $\bm{r}_1(\xi) = (\xi,0)$ $(0 \le \xi \le x)$，C_2 は $\bm{r}_2(\eta) = (x,\eta)$ $(0 \le \eta \le y)$ と表せ，$\dfrac{d\bm{r}_1}{d\xi} = (1,0)$，$\dfrac{d\bm{r}_2}{d\eta} = (0,1)$ であるから $\int_{C_1} \bm{V} \cdot d\bm{r} = \int_0^x u(\xi,0)d\xi$，$\int_{C_2} \bm{V} \cdot d\bm{r} = \int_0^y v(x,\eta)d\eta$ となる．

【問題 6.36】　この $f(x,y)$ が $\bm{V} = \nabla f$ をみたしていることを示せ．

【解】
$$\frac{\partial f}{\partial x}(x,y) = u(x,0) + \int_0^y \frac{\partial v}{\partial x}(x,\eta)d\eta = u(x,0) + \int_0^y \frac{\partial u}{\partial y}(x,\eta)d\eta$$
$$= u(x,0) + u(x,y) - u(x,0) = u(x,y),$$
$$\frac{\partial f}{\partial y}(x,y) = v(x,y)$$

である．

　これで 2 次元空間全体で定義された渦なし場が保存場であることが示せた．この必要十分条件を用いれば，問題 6.30 でやったようにいろいろな経路の上の線積分を計算して経路依存性の有無を調べたりしなくても，与えられたベクトル場が保存場かどうかを簡単に判定することができる．

【問題 6.37】　次のベクトル場 $\boldsymbol{V}$ が保存場であるかどうかを判定せよ．保存場である場合は $\boldsymbol{V} = \nabla f$ をみたす f を求めよ．
　(1) $\boldsymbol{V} = (2xy^3, 2x^2y^2)$,　　(2) $\boldsymbol{V} = (2xy^3, 3x^2y^2)$,　　(3) $\boldsymbol{V} = (e^y, xe^y)$,
　(4) $\boldsymbol{V} = (e^x \cos y, e^x \sin y)$,　　(5) $\boldsymbol{V} = (e^x \cos y, -e^x \sin y)$,
　(6) $\boldsymbol{V} = (\alpha x + \beta y, \gamma x + \delta y)$,　　(7) $\boldsymbol{V} = (p(x), q(y))$.

【解】　(1) 保存場ではない，　　(2) $f(x,y) = x^2 y^3 + c$（c は任意の定数），
　(3) $f(x,y) = xe^y + c$（c は任意の定数），　　(4) 保存場ではない，
　(5) $f(x,y) = e^x \cos y + c$（c は任意の定数），
　(6) $\beta \neq \gamma$ ならば保存場ではなく，$\beta = \gamma$ ならば保存場で $f(x,y) = \dfrac{\alpha}{2} x^2 + \beta xy + \dfrac{\delta}{2} y^2 + c$（$c$ は任意の定数），
　(7) $f(x,y) = \displaystyle\int^x p(\xi)d\xi + \int^y q(\eta)d\eta$.

注意 6.4　保存場であることがわかって f を求めるときには，図 6.13 のような折れ線に沿って線積分を計算してもよいし，成分ごとに不定積分を計算してもよい．例えば問題 6.37 の (2) では，x 成分・y 成分の不定積分を計算すると，$f(x,y) = x^2 y^3 + p(y) = x^2 y^3 + q(x)$ となって，これが任意の (x,y) について成り立つのは $p(y) = q(x) = $ 定数　のときとなる．

【問題 6.38】　$\boldsymbol{V} = \nabla f$ をみたす f は定数の差を除いて一意的であることを示せ．

【解】　$\boldsymbol{V} = \nabla f = \nabla g$ とすると定義域上で $\nabla(f - g) = 0$ であるから

$f - g =$ 定数 である（定義域がいくつかの連結成分に分かれているときは，その各連結成分上で定数は異なってもよい）．

【問題 6.39】 $V = (p(y), q(x))$ の形をしたベクトル場が保存場になるのは $p(y), q(x)$ がどのような関数の場合か．また保存場を与えるスカラー場 f はどのようなものか．

【解】 $p'(y) = q'(x)$ が任意の x, y について成り立つので両辺の値は定数でなければならない．その値を a とすると，b, c を適当な定数として $p(y) = ay + b$, $q(x) = ax + c$ と書ける．すなわち，p と q は 1 次の係数の等しい 1 次関数である．そのとき $f(x,y) = axy + bx + cy + d$（$d$ は任意の定数）．

さて，2 次元空間全体で定義された渦なしのベクトル場はつねに保存場であることがわかったが，ベクトル場が特異点を持つような場合（すなわちベクトル場の定義域に穴があいているような場合）にはこのことは成り立たない．次の問題でそのような例をあげておこう．

【問題 6.40】 原点において特異点を持つベクトル場 $V = \left(-\dfrac{y}{x^2+y^2}, \dfrac{x}{x^2+y^2}\right)$ を考える．

(1) ベクトル場 V は原点以外で渦なしであることを確かめよ．

(2) 経路 C_1 を $r_1(t) = (\cos t, \sin t)$ $(0 \le t \le \pi)$，経路 C_2 を $r_2(t) = (\cos t, -\sin t)$ $(0 \le t \le \pi)$ とするとき，$\displaystyle\int_{C_1} V \cdot dr$ と $\displaystyle\int_{C_2} V \cdot dr$ を計算せよ．

【解】 (1) $r = \sqrt{x^2+y^2}$ とおくと，$[\nabla V] = r^{-2} - 2x^2 r^{-4} + r^{-2} - 2y^2 r^{-4} = 0$, (2) $x = \cos t, y = \sin t$ とおくと $\dfrac{dx}{dt} = -\sin t, \dfrac{dy}{dt} = \cos t$ で C_1 上で $V = (-\sin t, \cos t)$ だから，$\displaystyle\int_{C_1} V \cdot dr = \int_0^\pi \{(-\sin t)(-\sin t) + \cos t \cos t\} dt = \pi$ である．一方，$x = \cos t, y = -\sin t$ とおくと $\dfrac{dx}{dt} =$

$-\sin t$, $\dfrac{dy}{dt} = -\cos t$ で C_2 上で $\boldsymbol{V} = (\sin t, \cos t)$ だから，$\displaystyle\int_{C_2} \boldsymbol{V} \cdot d\boldsymbol{r} = \int_0^\pi \{(-\sin t)\sin t + (-\cos t)\cos t\}dt = -\pi$ である．

この問題におけるベクトル場 $\boldsymbol{V}$ は渦なし場であるが，(2) からわかるように，$(1,0)$ と $(-1,0)$ の 2 点を結ぶ 2 通りの経路に沿った線積分が異なっている．よって，このベクトル場は保存場ではない．

章末問題

以下，$r = \sqrt{x^2 + y^2}$ とする．

[6.1] 次のスカラー場 f に対し ∇f を求めよ．また $[\nabla\ \nabla f]$ を計算し，$[\nabla\ \nabla f] = 0$ が成り立つことを確認せよ．
 (1) $f(x,y) = \sin x + \cos y$,   (2) $f(x,y) = x^m y^n$,   (3) $f(x,y) = y^2 \sinh x$.

[6.2] 次のスカラー場 f に対し，与えられた点 P における $\boldsymbol{u}$ 方向の方向微分係数を求めよ．また，点 P での方向微分係数の最大値と最小値を求めよ．
 (1) $f(x,y) = x + y\cos x$,   P$(0,0)$, $\boldsymbol{u} = (1,0)$,
 (2) $f(x,y) = \tan\dfrac{y}{x}$,   P$(1,0)$, $\boldsymbol{u} = \left(\dfrac{1}{\sqrt{2}}, -\dfrac{1}{\sqrt{2}}\right)$,
 (3) $f(x,y) = e^{x-y}$,   P$(1,1)$, $\boldsymbol{u} = \left(\dfrac{1}{2}, \dfrac{\sqrt{3}}{2}\right)$.

[6.3] 次のベクトル場 $\boldsymbol{V}$ に対し，$\nabla \cdot \boldsymbol{V}$ を求めよ．
 (1) $\boldsymbol{V} = (x^2 y, -xy^2)$,   (2) $\boldsymbol{V} = \left(\dfrac{x}{r}, \dfrac{y}{r}\right)$,   (3) $\boldsymbol{V} = (-yf(r), xf(r))$.

[6.4] $\boldsymbol{V} = (xf(r), yf(r))$ が $\nabla \cdot \boldsymbol{V} = 0$ をみたすのは $f(r)$ がどのような関数のときか．

[6.5] 次のベクトル場 $\boldsymbol{V}$ に対し，$[\nabla \ \boldsymbol{V}]$ を求めよ．
 (1) $\boldsymbol{V} = (xy, xy)$,　　(2) $\boldsymbol{V} = (x(2y^3+1), y^2(3x^2-1))$,
 (3) $\boldsymbol{V} = (ye^{x+y}, xe^{x+y})$.

[6.6] $\boldsymbol{V} = (-yf(r), xf(r))$ が $[\nabla \ \boldsymbol{V}] = 1$ をみたすのは $f(r)$ がどのような関数のときか．

[6.7] 次のスカラー場 f に対し，$\nabla^2 f$ を計算せよ．
 (1) $f = \dfrac{x+y}{r}$,　　(2) $f = r(2 + \sin 2\theta)$,　　(3) $f = r^2 \sin 2\theta$.

[6.8] r のみに依存するスカラー場 $f(r)$ が $\nabla^2 f = r$, $f(0) = 1$ をみたすとする．$f(r)$ を求めよ．

[6.9] r のみに依存するスカラー場 $f(r)$ が $\nabla^2 f = \dfrac{\ln r}{r}$ をみたしているとき，$f(r)$ はどのような形をしているか．

第 7 章
場の微分演算（3次元）

　この章では，紙の上の 2 次元世界から，私たちが住んでいる 3 次元世界へ飛び出そう．大丈夫，人間は 3 次元までなら直観が働くし，ほとんどの部分は 2 次元の内容から想像がつくはず．

7.1 勾配

勾配の定義　3次元空間においてスカラー場 $f(x,y,z)$ が与えられているとする．このときスカラー場 f の**勾配**とは，

$$\nabla f = \frac{\partial f}{\partial x}\boldsymbol{e}_x + \frac{\partial f}{\partial y}\boldsymbol{e}_y + \frac{\partial f}{\partial z}\boldsymbol{e}_z \tag{7.1}$$

で定義されるベクトル場である．2次元のときと同様に ∇ という記号を使っているが，3次元の場合には，

$$\nabla = \boldsymbol{e}_x \frac{\partial}{\partial x} + \boldsymbol{e}_y \frac{\partial}{\partial y} + \boldsymbol{e}_z \frac{\partial}{\partial z} \tag{7.2}$$

である．

このベクトル場 ∇f の持つ意味や性質は2次元の場合とまったく同じである．すなわち，ある点とそこでの方向を表す単位ベクトル $\boldsymbol{u}$ が与えられたとき，その点における $\boldsymbol{u}$ 方向への f の方向微分係数が $\boldsymbol{u} \cdot \nabla f$ で求まる．このことから，∇f はその方向が f の最大方向微分係数を与える方向に一致し，その大きさが最大方向微分係数に等しいようなベクトル場であることがわかる．

【問題 7.1】　次の f で与えられるスカラー場に対し，勾配 ∇f を求めよ．また，原点における $\boldsymbol{u}$ 方向への方向微分係数を求めよ．

(1) $f(x,y,z) = 2x - y + z$,　$\boldsymbol{u} = (1,0,0)$,
(2) $f(x,y,z) = xyz$,　$\boldsymbol{u} = (0,1,0)$,
(3) $f(x,y,z) = x^2 y + ze^y$,　$\boldsymbol{u} = (0,0,1)$,
(4) $f(x,y,z) = \sin x + e^z \cos y$,　$\boldsymbol{u} = \left(\dfrac{1}{\sqrt{2}}, \dfrac{1}{\sqrt{2}}, 0\right)$.

【解】　(1) $\nabla f = (2,-1,1)$,　$\boldsymbol{u} \cdot \nabla f(0,0,0) = 2$,
(2) $\nabla f = (yz, zx, xy)$,　$\boldsymbol{u} \cdot \nabla f(0,0,0) = 0$,
(3) $\nabla f = (2xy, x^2 + ze^y, e^y)$,　$\boldsymbol{u} \cdot \nabla f(0,0,0) = 1$,

(4) $\nabla f = (\cos x, -e^z \sin y, e^z \cos y)$, $\boldsymbol{u} \cdot \nabla f(0,0,0) = \dfrac{1}{\sqrt{2}}$.

【問題 7.2】 次のスカラー場 f と点 P について，点 P における最大方向微分係数とその方向を与える単位ベクトルを求めよ．

(1) $f(x,y,z) = x^2 + y^2 + z^2$, P$(1,1,1)$,
(2) $f(x,y,z) = \sinh(x+y) - z$, P$(0,0,0)$,
(3) $f(x,y,z) = x^2 y + \dfrac{x}{z} e^y$, P$(0,0,1)$,
(4) $f(x,y,z) = z \ln(x^2 + y^2)$, P$\left(\dfrac{1}{\sqrt{2}}, \dfrac{1}{\sqrt{2}}, 1\right)$.

【解】

(1) $\nabla f(1,1,1) = (2,2,2)$ より，最大方向微分係数は $2\sqrt{3}$ で，単位ベクトルは $\left(\dfrac{1}{\sqrt{3}}, \dfrac{1}{\sqrt{3}}, \dfrac{1}{\sqrt{3}}\right)$,

(2) $\nabla f(0,0,0) = (1,1,-1)$ より，最大方向微分係数は $\sqrt{3}$ で，単位ベクトルは $\left(\dfrac{1}{\sqrt{3}}, \dfrac{1}{\sqrt{3}}, -\dfrac{1}{\sqrt{3}}\right)$,

(3) $\nabla f(0,0,1) = (1,0,0)$ より，最大方向微分係数は 1 で，単位ベクトルは $(1,0,0)$,

(4) $\nabla f\left(\dfrac{1}{\sqrt{2}}, \dfrac{1}{\sqrt{2}}, 1\right) = (\sqrt{2}, \sqrt{2}, 0)$ より，最大方向微分係数は 2 で，単位ベクトルは $\left(\dfrac{1}{\sqrt{2}}, \dfrac{1}{\sqrt{2}}, 0\right)$.

【問題 7.3】 c がスカラー定数で，f と g がスカラー場であるとする．
(1) $\nabla(cf) = c\nabla f$, $\nabla(f+g) = \nabla f + \nabla g$ が成り立つことを示せ．
(2) $\nabla(fg) = g\nabla f + f\nabla g$ が成り立つことを示せ．

【解】 略．

【問題 7.4】 ∇f は f の等位面に直交していることを示せ．

【解】 等位面上の任意の曲線 $r(t)$ をとると，$f(r(t)) =$ 定数 であるから，両辺を t で微分して $\nabla f \cdot \dfrac{dr}{dt} = 0$ となる．$r(t)$ を任意にとれるので，$\dfrac{dr}{dt}$ は等位面の任意の接ベクトルであり，∇f は等位面に直交していなければならない．

7.2 発散

発散の定義　3次元空間においてベクトル場 $V = (u, v, w)$ が与えられているとする．このベクトル場に対して**発散**は次のように定義されるスカラー場である．

$$\nabla \cdot V = \frac{\partial u}{\partial x} + \frac{\partial v}{\partial y} + \frac{\partial w}{\partial z}. \tag{7.3}$$

これは2次元で考えた発散 $\nabla \cdot V$ の素直な3次元への拡張である．すなわち，点 (x, y, z) を中心とする1辺の長さが h であるような立方体を Q_h とすると，その6つの面から単位時間あたりに流出する水の量は $\displaystyle\int_{\partial Q_h} V \cdot n \, dS$ と書ける（図 7.1）．さらに，

$$\int_{\partial Q_h} V \cdot n \, dS = h^3 \nabla \cdot V(x, y, z) + O(h^5) \tag{7.4}$$

が成り立つ．また等価な式であるが，

$$\nabla \cdot V(x, y, z) = \frac{1}{h^3} \int_{\partial Q_h} V \cdot n \, dS + O(h^2) \tag{7.5}$$

が成り立つ．そこで，

$$\lim_{h \to 0} \frac{1}{h^3} \int_{\partial Q_h} V \cdot n \, dS$$

によって点 (x, y, z) における湧き出し量を定義し計算すると，発散 $\nabla \cdot V$ に一致するのである．

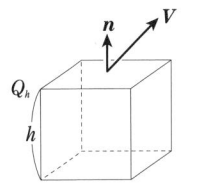

図 7.1　点 (x, y, z) を中心とする1辺の長さ h の立方体 Q_h

【問題 7.5】 これらのことを確かめよ．

【解】 立方体の 6 つの各面から流出する水の量を 2 次元の場合にならって計算するとよい．

【問題 7.6】 次のベクトル場 $\boldsymbol{V}$ に対し $\nabla \cdot \boldsymbol{V}$ を求めよ．
(1) $\boldsymbol{V} = (x, -y, z)$, (2) $\boldsymbol{V} = (x^2 y, y^2 z, z^2 x)$,
(3) $\boldsymbol{V} = (2x + \cos y, z - y, e^x + \sin y - z)$,
(4) $\boldsymbol{V} = \left(\dfrac{x}{x^2+y^2+z^2}, \dfrac{y}{x^2+y^2+z^2}, \dfrac{z}{x^2+y^2+z^2} \right)$.

【解】 (1) $\nabla \cdot \boldsymbol{V} = 1$, (2) $\nabla \cdot \boldsymbol{V} = 2(yz + zx + xy)$, (3) $\nabla \cdot \boldsymbol{V} = 0$,
(4) $\nabla \cdot \boldsymbol{V} = \dfrac{1}{x^2+y^2+z^2}$.

【問題 7.7】 c がスカラー定数，f がスカラー場，$\boldsymbol{U}$ と $\boldsymbol{V}$ がベクトル場であるとするとき，次を示せ．
(1) $\nabla \cdot (c\boldsymbol{V}) = c\nabla \cdot \boldsymbol{V}$, (2) $\nabla \cdot (\boldsymbol{U} + \boldsymbol{V}) = \nabla \cdot \boldsymbol{U} + \nabla \cdot \boldsymbol{V}$,
(3) $\nabla \cdot (f\boldsymbol{V}) = (\nabla f) \cdot \boldsymbol{V} + f\nabla \cdot \boldsymbol{V}$.

【解】 略．

【問題 7.8】 $\boldsymbol{r} = x\boldsymbol{e}_x + y\boldsymbol{e}_y + z\boldsymbol{e}_z, r = |\boldsymbol{r}|$ とするとき，
(1) $\nabla \cdot \boldsymbol{r}$ を求めよ．
(2) $r \neq 0$ で $\nabla \cdot (r^n \boldsymbol{r}) = 0$ をみたす整数 n を求めよ．

【解】 (1) $\nabla \cdot \boldsymbol{r} = 3$, (2) $\nabla \cdot (r^n \boldsymbol{r}) = (\nabla r^n) \cdot \boldsymbol{r} + r^n \nabla \cdot \boldsymbol{r} = (n+3)r^n$ であるから $n = -3$．

ラプラシアン 2 次元のときと同様に，スカラー場 f に対して $\nabla \cdot (\nabla f)$ を考えることができる．このスカラー場を $\nabla^2 f$ と書き，f のラプラシアンと呼ぶ．

$$\nabla^2 f = \frac{\partial^2 f}{\partial x^2} + \frac{\partial^2 f}{\partial y^2} + \frac{\partial^2 f}{\partial z^2} \tag{7.6}$$

であり，この場合には，

$$\nabla^2 = \frac{\partial^2}{\partial x^2} + \frac{\partial^2}{\partial y^2} + \frac{\partial^2}{\partial z^2} \tag{7.7}$$

となる．

【問題 7.9】 次のスカラー場 f に対し $\nabla^2 f$ を求めよ．
 (1) $f(x,y,z) = yz + zx + xy,$ (2) $f(x,y,z) = x^2 + y^2 + z^2,$
 (3) $f(x,y,z) = \sin x \sin y \cos z,$ (4) $f(x,y,z) = \dfrac{z}{x^2+y^2}.$

【解】 (1) $\nabla^2 f = 0,$ (2) $\nabla^2 f = 6,$ (3) $\nabla^2 f = -3\sin x \sin y \cos z,$
 (4) $\nabla^2 f = \dfrac{4z}{(x^2+y^2)^2}.$

7.3 回転

回転の定義 2次元ではベクトル場 $\boldsymbol{V}$ の渦度 $[\nabla\, \boldsymbol{V}]$ というものを考えた．それは与えられた点のまわりの循環量の密度であった．しかし，3次元のベクトル場に対して同様の量を考えようとしても，点を与えただけでは循環量は定義できない．3次元空間で循環量というからには，どの軸のまわりに回っているかを指定する必要があるからである．2次元の場合は暗黙の内に，軸は考えている平面に垂直なものと仮定していたのである．そこで，考えている点を通り，x 軸・y 軸・z 軸に平行な軸のまわりを回っている循環量密度をそれぞれ第1, 第2, 第3成分に持つようなベクトルを考える（図 7.2）．例えば点 (x_0, y_0, z_0) における x 軸に平行な軸まわりの循環量密度を測るためには，定義域を平面 $x = x_0$ に制限したベクトル場 $\boldsymbol{V} = (u,v,w)$ を平面 $x = x_0$ に射影して得られる $\boldsymbol{V}'(y,z) = (v(x_0,y,z), w(x_0,y,z))$ という2次

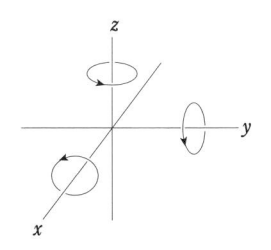

図 7.2 3軸のまわりの回転

元ベクトル場を考え，そのベクトル場の (y_0, z_0) における渦度を求めればよい（u 成分が x 軸に平行な軸まわりの循環量に影響しないのは明らかであろう）．この渦度は $\dfrac{\partial w}{\partial y}(x_0, y_0, z_0) - \dfrac{\partial v}{\partial z}(x_0, y_0, z_0)$ であるので，求めたい循環量密度の第1成分が定まった．これを第2，第3成分についても計算することによってベクトルが得られる．このようなベクトルを各点で考えることによって得られるベクトル場を $\boldsymbol{V}$ の**回転**と呼び $\nabla \times \boldsymbol{V}$ と表す．すなわち，

$$\nabla \times \boldsymbol{V} = \left(\frac{\partial w}{\partial y} - \frac{\partial v}{\partial z}\right)\boldsymbol{e}_x + \left(\frac{\partial u}{\partial z} - \frac{\partial w}{\partial x}\right)\boldsymbol{e}_y + \left(\frac{\partial v}{\partial x} - \frac{\partial u}{\partial y}\right)\boldsymbol{e}_z \quad (7.8)$$

である．なお，$\nabla \times \boldsymbol{V}$ は rot $\boldsymbol{V}$ とも curl $\boldsymbol{V}$ とも書くが，本書では $\nabla \times \boldsymbol{V}$ の記法を用いることにする．

【問題 7.10】 ∇ と $\boldsymbol{V}$ の形式的な外積をとることによって (7.8) 式の右辺が得られることを確認せよ．

【解】 ∇ と $\boldsymbol{V}$ の外積を形式的に書くと $\begin{vmatrix} \boldsymbol{e}_x & \boldsymbol{e}_y & \boldsymbol{e}_z \\ \frac{\partial}{\partial x} & \frac{\partial}{\partial y} & \frac{\partial}{\partial z} \\ u & v & w \end{vmatrix}$ となり，これを展開すると (7.8) 式に一致する．

【問題 7.11】 次のベクトル場 $\boldsymbol{V}$ に対し回転 $\nabla \times \boldsymbol{V}$ を求めよ．
 (1) $\boldsymbol{V} = (x, y, z)$, (2) $\boldsymbol{V} = (-y, x, z)$, (3) $\boldsymbol{V} = (y, x, z)$,
 (4) $\boldsymbol{V} = (z, x, y)$.

【解】　(1) $\nabla \times \boldsymbol{V} = \boldsymbol{0}$,　　(2) $\nabla \times \boldsymbol{V} = (0, 0, 2)$,　　(3) $\nabla \times \boldsymbol{V} = \boldsymbol{0}$,
(4) $\nabla \times \boldsymbol{V} = (1, 1, 1)$.

　このように，3 軸のまわりの循環量密度を用いて $\nabla \times \boldsymbol{V}$ を定義しておくと，任意の方向を向いた軸のまわりの循環量密度を $\nabla \times \boldsymbol{V}$ を使って表すことができる．次章の最後で示されることであるが，回転軸の方向を与える単位ベクトルを $\boldsymbol{u}$ とすると，その軸まわりの循環量密度は $\boldsymbol{u} \cdot (\nabla \times \boldsymbol{V})$ で与えられるのである．これは勾配 ∇f に対し $\boldsymbol{u} \cdot \nabla f$ が $\boldsymbol{u}$ 方向の方向微分係数を与えるのと同様の関係である．それゆえ回転 $\nabla \times \boldsymbol{V}$ に関しても勾配 ∇f と同様の意味付けができる．すなわち，$\boldsymbol{V}$ の回転 $\nabla \times \boldsymbol{V}$ は，その大きさが最大循環量密度を表し，その方向が最大循環量密度を与える軸の方向を示すようなベクトル場である．

【問題 7.12】　次のベクトル場 $\boldsymbol{V}$ の回転を求め，原点において単位ベクトル $\boldsymbol{u}$ の方向を持つ軸まわりの循環量密度を求めよ．

(1) $\boldsymbol{V} = (y + z, xz, x^2 y)$,　$\boldsymbol{u} = \left(\dfrac{1}{\sqrt{2}}, \dfrac{1}{\sqrt{2}}, 0\right)$,

(2) $\boldsymbol{V} = (\sin x + \sin z, \cos y + z \cos x, x \sin z)$,　$\boldsymbol{u} = \left(\dfrac{1}{\sqrt{2}}, \dfrac{1}{\sqrt{2}}, 0\right)$,

(3) $\boldsymbol{V} = (e^{-y}, e^{-z}, e^{-x})$,　$\boldsymbol{u} = \left(\dfrac{1}{\sqrt{3}}, \dfrac{1}{\sqrt{3}}, \dfrac{1}{\sqrt{3}}\right)$,

(4) $\boldsymbol{V} = (\cosh y \cosh z, \sinh x, 0)$,　$\boldsymbol{u} = \left(\dfrac{1}{\sqrt{3}}, \dfrac{1}{\sqrt{3}}, \dfrac{1}{\sqrt{3}}\right)$.

【解】　(1) $\nabla \times \boldsymbol{V} = (x^2 - x, 1 - 2xy, z - 1)$, $\boldsymbol{u} \cdot \nabla \times \boldsymbol{V}(0, 0, 0) = \dfrac{1}{\sqrt{2}}$,

(2) $\nabla \times \boldsymbol{V} = (-\cos x, \cos z - \sin z, -z \sin x)$, $\boldsymbol{u} \cdot \nabla \times \boldsymbol{V}(0, 0, 0) = 0$,

(3) $\nabla \times \boldsymbol{V} = (e^{-z}, e^{-x}, e^{-y})$, $\boldsymbol{u} \cdot \nabla \times \boldsymbol{V}(0, 0, 0) = \sqrt{3}$,

(4) $\nabla \times \boldsymbol{V} = (0, \cosh y \sinh z, \cosh x - \sinh y \cosh z)$, $\boldsymbol{u} \cdot \nabla \times \boldsymbol{V}(0, 0, 0) = \dfrac{1}{\sqrt{3}}$.

【問題 7.13】 次のベクトル場 $\boldsymbol{V}$ と点 P について，点 P における最大循環量密度とその回転軸を与える単位ベクトルを求めよ．
(1) $\boldsymbol{V} = (x^2yz, xy^2z, xyz^2)$,　P$(1,1,0)$,
(2) $\boldsymbol{V} = (x+yz, y+zx, z+xy)$,　P$(0,0,0)$,
(3) $\boldsymbol{V} = (\ln(1+y^2), xy, x+z)$,　P$(1,1,1)$,
(4) $\boldsymbol{V} = (\sin^2 x \cos y, \cos^2 y \sin z, \cos z)$,　P$(1,0,0)$.

【解】
(1) $\nabla \times \boldsymbol{V}(1,1,0) = (-1,1,0)$ より，最大循環量密度は $\sqrt{2}$ で単位ベクトルは $-\left(\dfrac{1}{\sqrt{2}}, \dfrac{1}{\sqrt{2}}, 0\right)$,
(2) $\nabla \times \boldsymbol{V} \equiv (0,0,0)$ より，最大循環量密度は 0,
(3) $\nabla \times \boldsymbol{V}(1,1,1) = (0,-1,0)$ より，最大循環量密度は 1 で単位ベクトルは $(0,-1,0)$,
(4) $\nabla \times \boldsymbol{V}(1,0,0) = (-1,0,0)$ より，最大循環量密度は 1 で単位ベクトルは $(-1,0,0)$.

問題 7.13 (2) のように，もしすべての点で $\nabla \times \boldsymbol{V} = \boldsymbol{0}$ であるなら，このベクトル場 $\boldsymbol{V}$ は**渦なし**であるという．これはすべての点において，またどのような方向を回転軸にとってみても循環量密度が 0 であるような「まったく回っていない」ベクトル場である．

【問題 7.14】 c をスカラー定数，f をスカラー場，$\boldsymbol{U}$ と $\boldsymbol{V}$ をベクトル場とするとき，次を示せ．
(1) $\nabla \times (c\boldsymbol{V}) = c\nabla \times \boldsymbol{V}$,　(2) $\nabla \times (\boldsymbol{U}+\boldsymbol{V}) = \nabla \times \boldsymbol{U} + \nabla \times \boldsymbol{V}$,
(3) $\nabla \times (f\boldsymbol{V}) = (\nabla f) \times \boldsymbol{V} + f\nabla \times \boldsymbol{V}$.

【解】 (1) 略,　(2) 略,　(3) $\boldsymbol{V} = (u,v,w)$ とすると,

$$\nabla \times (f\boldsymbol{V}) = \left(\frac{\partial}{\partial y}(fw) - \frac{\partial}{\partial z}(fv)\right)\boldsymbol{e}_x + \left(\frac{\partial}{\partial z}(fu) - \frac{\partial}{\partial x}(fw)\right)\boldsymbol{e}_y$$
$$+ \left(\frac{\partial}{\partial x}(fv) - \frac{\partial}{\partial y}(fu)\right)\boldsymbol{e}_z$$
$$= \left\{\left(\frac{\partial f}{\partial y}w - \frac{\partial f}{\partial z}v\right)\boldsymbol{e}_x + \left(\frac{\partial f}{\partial z}u - \frac{\partial f}{\partial x}w\right)\boldsymbol{e}_y\right.$$
$$\left. + \left(\frac{\partial f}{\partial x}v - \frac{\partial f}{\partial y}u\right)\boldsymbol{e}_z\right\}$$
$$+ f\left\{\left(\frac{\partial w}{\partial y} - \frac{\partial v}{\partial z}\right)\boldsymbol{e}_x + \left(\frac{\partial u}{\partial z} - \frac{\partial w}{\partial x}\right)\boldsymbol{e}_y + \left(\frac{\partial v}{\partial x} - \frac{\partial u}{\partial y}\right)\boldsymbol{e}_z\right\}$$
$$= (\nabla f) \times \boldsymbol{V} + f(\nabla \times \boldsymbol{V}).$$

【問題 7.15】 任意のスカラー場 f について，$\nabla \times (\nabla f) = \boldsymbol{0}$ であることを示せ．

【解】 例えば，$\nabla \times (\nabla f)$ の第 1 成分は $\dfrac{\partial^2 f}{\partial y \partial z} - \dfrac{\partial^2 f}{\partial z \partial y} = 0$ である．第 2，第 3 成分についても同様．

上の問題 7.15 から 2 次元の場合と同様に「勾配場は渦なしである」という性質が示された．

【問題 7.16】 任意のベクトル場 $\boldsymbol{V}$ について，$\nabla \cdot (\nabla \times \boldsymbol{V}) = 0$ であることを示せ．

【解】 $\boldsymbol{V} = (u, v, w)$ とすると，$\nabla \cdot (\nabla \times \boldsymbol{V}) = \dfrac{\partial}{\partial x}\left(\dfrac{\partial w}{\partial y} - \dfrac{\partial v}{\partial z}\right) + \dfrac{\partial}{\partial y}\left(\dfrac{\partial u}{\partial z} - \dfrac{\partial w}{\partial x}\right) + \dfrac{\partial}{\partial z}\left(\dfrac{\partial v}{\partial x} - \dfrac{\partial u}{\partial y}\right) = 0.$

7.4 円柱座標・球座標

3次元の場合によく使われる円柱座標（$r\theta z$ 座標）と球座標（$r\theta\varphi$ 座標）を用いたときの，勾配・発散・回転・ラプラシアンなどの表現を考える．当然，これらの座標を用いてベクトル場を表現するときは，これらの座標に付随した基本ベクトルを用いる（図 2.17, 図 2.18 参照）．ここでは結果のみを書いておこう．必要に応じて参照して使用してもらいたい．

<u>円柱座標</u>

$$\nabla f = \frac{\partial f}{\partial r}\boldsymbol{e}_r + \frac{1}{r}\frac{\partial f}{\partial \theta}\boldsymbol{e}_\theta + \frac{\partial f}{\partial z}\boldsymbol{e}_z, \tag{7.9}$$

$$\nabla \cdot \boldsymbol{V} = \frac{1}{r}\frac{\partial}{\partial r}(rV_r) + \frac{1}{r}\frac{\partial V_\theta}{\partial \theta} + \frac{\partial V_z}{\partial z}, \tag{7.10}$$

$$\nabla \times \boldsymbol{V} = \left(\frac{1}{r}\frac{\partial V_z}{\partial \theta} - \frac{\partial V_\theta}{\partial z}\right)\boldsymbol{e}_r + \left(\frac{\partial V_r}{\partial z} - \frac{\partial V_z}{\partial r}\right)\boldsymbol{e}_\theta \\ + \frac{1}{r}\left(\frac{\partial}{\partial r}(rV_\theta) - \frac{\partial V_r}{\partial \theta}\right)\boldsymbol{e}_z, \tag{7.11}$$

$$\nabla^2 f = \frac{1}{r}\frac{\partial}{\partial r}\left(r\frac{\partial f}{\partial r}\right) + \frac{1}{r^2}\frac{\partial^2 f}{\partial \theta^2} + \frac{\partial^2 f}{\partial z^2}. \tag{7.12}$$

<u>球座標</u>

$$\nabla f = \frac{\partial f}{\partial r}\boldsymbol{e}_r + \frac{1}{r}\frac{\partial f}{\partial \theta}\boldsymbol{e}_\theta + \frac{1}{r\sin\theta}\frac{\partial f}{\partial \varphi}\boldsymbol{e}_\varphi, \tag{7.13}$$

$$\nabla \cdot \boldsymbol{V} = \frac{1}{r^2}\frac{\partial}{\partial r}(r^2 V_r) + \frac{1}{r\sin\theta}\frac{\partial}{\partial \theta}(\sin\theta\, V_\theta) + \frac{1}{r\sin\theta}\frac{\partial V_\varphi}{\partial \varphi}, \tag{7.14}$$

$$\nabla \times \boldsymbol{V} = \frac{1}{r\sin\theta}\left(\frac{\partial}{\partial\theta}(\sin\theta V_\varphi) - \frac{\partial V_\theta}{\partial\varphi}\right)\boldsymbol{e}_r$$
$$+ \frac{1}{r\sin\theta}\left(\frac{\partial V_r}{\partial\varphi} - \sin\theta\frac{\partial}{\partial r}(rV_\varphi)\right)\boldsymbol{e}_\theta + \frac{1}{r}\left(\frac{\partial}{\partial r}(rV_\theta) - \frac{\partial V_r}{\partial\theta}\right)\boldsymbol{e}_\varphi, \quad (7.15)$$

$$\nabla^2 f = \frac{1}{r^2}\frac{\partial}{\partial r}\left(r^2\frac{\partial f}{\partial r}\right) + \frac{1}{r^2\sin\theta}\frac{\partial}{\partial\theta}\left(\sin\theta\frac{\partial f}{\partial\theta}\right) + \frac{1}{r^2\sin^2\theta}\frac{\partial^2 f}{\partial\varphi^2}. \quad (7.16)$$

とくに，スカラー場 f が $r = |\boldsymbol{r}|$ のみに依存するとき，

$$\nabla^2 f = \frac{1}{r^2}(r^2 f'(r))'. \quad (7.17)$$

この節の公式はとても覚えられるものではないが，この公式 (7.17) ぐらいは，2 次元の場合の公式 (6.19) $\left(\nabla^2 f = \frac{1}{r}(rf'(r))'\right)$ とあわせて覚えておいたほうがよい．

【問題 7.17】 $r = |\boldsymbol{r}|$ のみに依存するスカラー場 $f(r)$ で $r \neq 0$ においてラプラス方程式 $\nabla^2 f = 0$ をみたすものを求めよ．

【解】 $\nabla^2 f = \frac{1}{r^2}(r^2 f'(r))'$ であるから，$r^2 f'(r) = c_1$ であり，

$$f(r) = c_0 - \frac{c_1}{r}$$

である（ただし，c_0, c_1 は定数）．

3 次元の場合は，r のみに依存する調和関数は（定数の自由度を除けば）$\frac{1}{r}$ である．この事実も，2 次元の場合の調和関数が $\ln r$ であることとあわせて，記憶しておいてもらいたい．

7.5　保存場と線積分

勾配場の線積分　　2次元の場合とまったく同様に，スカラー場 f の勾配場の線積分について次の性質が成り立つ．すなわち経路 C の始点を $\bm{r}_0$, 終点を $\bm{r}_1$ とするとき，

$$\int_C \nabla f \cdot d\bm{r} = f(\bm{r}_1) - f(\bm{r}_0) \tag{7.18}$$

が成り立つ．すなわち，勾配場 ∇f の線積分は「曲線の始点と終点のみで決まり，途中でどこを通るかということにはまったく依存しない」．

【問題 7.18】　このことを示せ．

【解】　2次元のときとまったく同様に示される（142–143 ページ参照）．

保存場　　保存場の定義も 2次元の場合と同様，あるスカラー場の勾配になっているということである．ここでは，典型的な例を考えておこう．

【問題 7.19】　質量 m の質点に働く一様な重力場 $\bm{F} = (0, 0, -mg)$ に対してポテンシャル U を求めよ．

【解】　$U = mgz + c$（c：任意の定数）．

このようにポテンシャルには定数の自由度があるが，便宜的にどこかの基準点で $U = 0$ となるように定数を決めておくとよい．上の問題 7.19 では例えば $z = 0$ で $U = 0$ となるようにすると $U = mgz$ となる．

【問題 7.20】　原点に固定された正の点電荷があるとき，位置 $\bm{r}$ にある正の点電荷が受ける力 $\bm{F}$ は r^2（ただし $r = |\bm{r}|$）に反比例する反発力であるので，比例定数を M として $\bm{F} = M\dfrac{\bm{r}}{r^3}$ と表せる．この力の場のポテンシャル U を求めよ．ただし U は無限遠方で 0 になるようにする．

【解】 対称性から $U = U(r)$ という形が期待される．この U に対して $\nabla U = U'(r)\nabla r = U'(r)\dfrac{\boldsymbol{r}}{r}$ であるから，$U'(r) = -\dfrac{M}{r^2}$．ゆえに $U = \dfrac{M}{r}$ である．

3次元の場合にも，2次元の場合と同様にベクトル場が保存場であるかどうかの判定条件がある．3次元空間全体で定義されたベクトル場 $\boldsymbol{V} = (u, v, w)$ が保存場であるための必要十分条件は，$\boldsymbol{V}$ が渦なしであることである．すなわち，

$$\nabla \times \boldsymbol{V} = \boldsymbol{0}. \tag{7.19}$$

成分で書けば，

$$\begin{cases} \dfrac{\partial w}{\partial y} = \dfrac{\partial v}{\partial z}, \\ \dfrac{\partial u}{\partial z} = \dfrac{\partial w}{\partial x}, \\ \dfrac{\partial v}{\partial x} = \dfrac{\partial u}{\partial y} \end{cases} \tag{7.20}$$

が同時に成り立つことである．

(7.19) 式をみたす渦なしのベクトル場 $\boldsymbol{V}$ が保存場であることのみ示そう．点 $(0,0,0), (x,0,0), (x,y,0), (x,y,z)$ を順に線分でつないでつくった経路に沿った $\boldsymbol{V}$ の線積分で $f(x,y,z)$ を以下のように定義する．すなわち，

$$f(x,y,z) = \int_0^x u(\xi,0,0)d\xi + \int_0^y v(x,\eta,0)d\eta + \int_0^z w(x,y,\zeta)d\zeta.$$

【問題 7.21】 この $f(x,y,z)$ が $\boldsymbol{V} = \nabla f$ をみたしていることを示せ．

【解】

$$\frac{\partial f}{\partial x}(x,y,z) = u(x,0,0) + \int_0^y \frac{\partial v}{\partial x}(x,\eta,0)d\eta + \int_0^z \frac{\partial w}{\partial x}(x,y,\zeta)d\zeta$$

$$\begin{aligned}
&= u(x,0,0) + \int_0^y \frac{\partial u}{\partial y}(x,\eta,0)d\eta + \int_0^z \frac{\partial u}{\partial z}(x,y,\zeta)d\zeta \\
&= u(x,0,0) + u(x,y,0) - u(x,0,0) + u(x,y,z) - u(x,y,0) \\
&= u(x,y,z), \\
\frac{\partial f}{\partial y}(x,y,z) &= v(x,y,0) + \int_0^z \frac{\partial w}{\partial y}(x,y,\zeta)d\zeta \\
&= v(x,y,0) + \int_0^z \frac{\partial v}{\partial z}(x,y,\zeta)d\zeta \\
&= v(x,y,0) + v(x,y,z) - v(x,y,0) \\
&= v(x,y,z), \\
\frac{\partial f}{\partial z}(x,y,z) &= w(x,y,z).
\end{aligned}$$

これで 3 次元の場合の条件も示せた.

【問題 7.22】 次のベクトル場 $\boldsymbol{V}$ が保存場であるかどうかを判定せよ. 保存場である場合は $\boldsymbol{V} = \nabla f$ をみたす f を求めよ.

(1) $\boldsymbol{V} = (y^2z^3, 2xyz^3, 3xy^2z^2)$,   (2) $\boldsymbol{V} = (x^2y^2z, x^3yz, x^3y^2)$,
(3) $\boldsymbol{V} = (x+ye^z, xe^z, xye^z)$,   (4) $\boldsymbol{V} = (\cos x \sin y, \sin x \cos y, \sin z)$,
(5) $\boldsymbol{V} = (a_{11}x + a_{12}y + a_{13}z, a_{21}x + a_{22}y + a_{23}z, a_{31}x + a_{32}y + a_{33}z)$.

【解】 (1) $f(x,y,z) = xy^2z^3 + c$ (c は任意の定数),
(2) 保存場ではない,
(3) $f(x,y,z) = \dfrac{x^2}{2} + xye^z + c$ (c は任意の定数),
(4) $f(x,y,z) = \sin x \sin y - \cos z + c$ (c は任意の定数),
(5) $A = (a_{ij})$ が対称行列なら保存場で $f(x,y,z) = \dfrac{a_{11}}{2}x^2 + \dfrac{a_{22}}{2}y^2 + \dfrac{a_{33}}{2}z^2 + a_{23}yz + a_{31}zx + a_{12}xy + c$ (c は任意の定数) である. 対称行列でないなら保存場でない.

章末問題

以下，$r = \sqrt{x^2 + y^2 + z^2}$ とする．

[7.1] スカラー場 f が r のみの関数 $f(r)$ で表されるとき，$\nabla f = \dfrac{f'(r)}{r}\boldsymbol{r}$ であることを示せ．

[7.2] $\boldsymbol{V} = f(r)\boldsymbol{r}$ の形をしたベクトル場 $\boldsymbol{V}$ は渦なしであることを示せ．

[7.3] 次のスカラー場 f に対し ∇f を求めよ．また $\nabla \times \nabla f = \boldsymbol{0}$ が成り立つことを確認せよ．
 (1) $f = (x+y)^2 z$, (2) $f = x\cos y - \dfrac{e^z}{x}$, (3) $f = \tanh x + \cosh y \sinh z$.

[7.4] 次のベクトル場 $\boldsymbol{V}$ に対し $\nabla \cdot \boldsymbol{V}$ と $\nabla \times \boldsymbol{V}$ を求めよ．
 (1) $\boldsymbol{V} = (yz, zx, xy)$, (2) $\boldsymbol{V} = (zx, xy, yz)$, (3) $\boldsymbol{V} = (xy, yz, zx)$.

[7.5] $\boldsymbol{V} = (xf(r), yf(r), zf(r))$ が $\nabla \cdot \boldsymbol{V} = r$ をみたすのは $f(r)$ がどのような関数のときか．

[7.6] 次のベクトル場 $\boldsymbol{V}$ に対し $\nabla \times \boldsymbol{V}$ を求めよ．また $\nabla \cdot (\nabla \times \boldsymbol{V}) = 0$ が成り立つことを確認せよ．
 (1) $\boldsymbol{V} = (\cos x \sin y \sin z,\ \sin x \cos y \sin z,\ \sin x \sin y \cos z)$,
 (2) $\boldsymbol{V} = (x^2 yz,\ xy^2 z,\ xyz^2)$, (3) $\boldsymbol{V} = ((y+z)^2, (z+x)^2, (x+y)^2)$.

[7.7] 次のスカラー場 f に対し，$\nabla^2 f$ を計算せよ．
 (1) $f = \sin \ell x \sin my \sin nz$, (2) $f = \cosh ax \cosh by \cosh cz$,
 (3) $f = \dfrac{1}{2} e^{-(x^2+y^2+z^2)}$.

[7.8] r のみに依存するスカラー場 $f(r)$ が $\nabla^2 f = r$, $f(0) = 1$ をみたすとする．

$f(r)$ を求めよ．

[7.9] r のみに依存するスカラー場 $f(r)$ が $\nabla^2 f = \dfrac{\ln r}{r}$ をみたしているとき，$f(r)$ はどのような形をしているか．

第 8 章
積分公式

　ここまで，スカラー場やベクトル場の微分積分についてのトレーニングをしてきた．この章ではそれらの知識を総動員して，積分公式と総称されるガウスの定理，グリーンの定理，ストークスの定理を学ぶ．これまでの内容がしっかり把握されているならば，じつは積分公式は非常に直観的でわかりやすい定理なのである．ともあれ，これらの定理はベクトル解析におけるひとつの目標点であって，この章が完全に理解できたなら，ベクトル解析の勉強も一段落である．すなわち，後は実践あるのみ．

8.1 微積分の基本公式

本書の読者であればだれでも微積分の基本公式

$$f(b) - f(a) = \int_a^b f'(x)dx \tag{8.1}$$

は，当然のこととして知っているだろう．さて，なぜ積分公式の章の初めが微積分の基本公式であるかというと，以下の節で紹介するガウスの定理，グリーンの定理，ストークスの定理はすべて「多次元版の微積分の基本公式」というべきものであるからである．それらはすべて，「領域での積分がその領域の境界上の積分に置き換わる」という形をしている．また，導出のアイディアもすべて共通している．

まずは，その共通のアイディアを表す非常に簡単な例から入ろう．数列 $\{a_n\}_{n=0,1,2,\ldots}$ の階差数列 $\{d_n\}_{n=1,2,\ldots}$ を $d_n = a_n - a_{n-1}$ で定義すると，もとの数列の一般項は次の公式で書ける．

$$a_n = a_0 + \sum_{k=1}^n d_k.$$

これは，

$$a_n - a_0 = \sum_{k=1}^n d_k$$

と書いてみると，k が 1 から n までの全体をスキャンしながら階差を足していくと（右辺），端だけが残る（左辺）という式に見える．これが成り立つことは，

$$a_n - a_0 = (a_n - a_{n-1}) + (a_{n-1} - a_{n-2}) + \cdots + (a_1 - a_0)$$

と書いてみれば一目瞭然であるが，大事なことは，足していくときうまく隣り合わせの項が消えて最後には端だけが残るというしかけである．

じつは，微積分の基本公式もまったく同じロジックから成り立っている．実際，区間 $[a,b]$ を n 等分して $\Delta x = \dfrac{b-a}{n}$ とおき，分割点を $x_k = a + k\Delta x\,(k=0,1,...,n)$ とすると，

$$f(b) - f(a) = f(x_n) - f(x_0)$$
$$= (f(x_n) - f(x_{n-1})) + (f(x_{n-1}) - f(x_{n-2}))$$
$$+ \cdots + (f(x_1) - f(x_0)).$$

ここで，$a_k = f(x_k)$ とおけば前の例そのものであるが，ここから $f(x_{k+1}) - f(x_k)$ を $\dfrac{f(x_{k+1}) - f(x_k)}{\Delta x}\Delta x$ と置き換えてから，Δx が無限に小さいと思うことでさらに $f'(x)dx$ に書き換えれば微積分の基本公式は示される．この公式も全体の領域で何かを積分したものが，境界での値で与えられることを表している．基本的なアイディアは，領域を小さく分割して計算し，それを足し合わせるときに隣どうしでうまくキャンセルする，ということである．

これから学ぶいくつかの積分公式では，さまざまな積分の形が出てきて一見ややこしそうであるが，基本的な考え方はまったく上と同様のロジックからなっている．このことを忘れずに読み進めば，以下の節を直観的に理解するための助けとなるだろう．

8.2　2次元空間における積分公式

ガウスの定理　　発散に関する重要な性質をおさらいしておこう．ベクトル場 $\boldsymbol{V}$ が与えられているとき，微小な正方形 Q_ε（1辺の長さ ε）に対し，

$$\int_{\partial Q_\varepsilon} \boldsymbol{V} \cdot \boldsymbol{n}\,ds = S_\varepsilon \nabla \cdot \boldsymbol{V}(\boldsymbol{r}_0) + O(\varepsilon^4)$$

が成り立つ（(6.7) 式参照）．ただし，$\boldsymbol{n}$ は Q_ε の境界における外向き単位法線ベクトルで，$S_\varepsilon\,(=\varepsilon^2)$ は Q_ε の面積であり，$\boldsymbol{r}_0$ は Q_ε の中心の位置ベクトルである．

じつは，この性質は微小な三角形についても成り立つ．すなわち，辺長が $O(\varepsilon)$ であるような微小な三角形 T_ε に対し，

$$\int_{\partial T_\varepsilon} \boldsymbol{V} \cdot \boldsymbol{n}\, ds = S_\varepsilon \nabla \cdot \boldsymbol{V}(\boldsymbol{r}_0) + O(\varepsilon^4) \tag{8.2}$$

が成り立つ．もちろん正方形の場合に対応して，$\boldsymbol{n}$ は T_ε の境界における外向き単位法線ベクトルで，S_ε は T_ε の面積であり，$\boldsymbol{r}_0$ は T_ε の重心の位置ベクトルである（図 8.1）．

(8.2) 式の意味することを確認しておこう．右辺の第 1 項 $S_\varepsilon \nabla \cdot \boldsymbol{V}(\boldsymbol{r}_0)$ は微小三角形の中で単位時間あたりに湧き出す水の量（の近似）であり，左辺はそれが三角形の各辺を通って流出していることを意味している．これは発散 $\nabla \cdot \boldsymbol{V}$ の局所的な性質であるが，この局所的な性質を積み上げることによって大域的な性質を導いてみよう．

図 8.2 のような領域 D に対し，その領域の三角形分割 $\{T_\varepsilon^i\}_i$ による近似

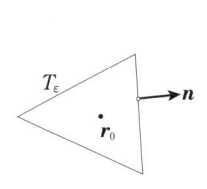

図 **8.1** 微小三角形 T_ε

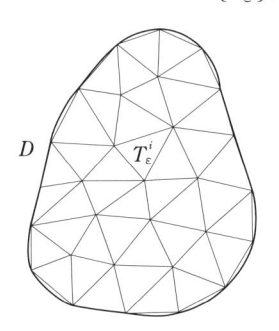

図 **8.2** 微小三角形 T_ε^i ($i = 1, 2, \cdots$) のはりあわせ $D_\varepsilon = \bigcup_i T_\varepsilon^i$ による領域 D の近似

を考える．分割を構成する各三角形 T_ε^i は辺長が $O(\varepsilon)$ の微小な三角形であるとする．すると各 T_ε^i においては，

$$\int_{\partial T_\varepsilon^i} \boldsymbol{V} \cdot \boldsymbol{n}\, ds = S_\varepsilon^i \nabla \cdot \boldsymbol{V}(\boldsymbol{r}_i) + O(\varepsilon^4)$$

が成り立つ．ただし，S_ε^i は T_ε^i の面積であり，$\boldsymbol{r}_i$ は T_ε^i の重心の位置ベクトルである．ここで i について和をとると，

$$\sum_i \int_{\partial T_\varepsilon^i} \boldsymbol{V} \cdot \boldsymbol{n}\, ds = \sum_i S_\varepsilon^i \nabla \cdot \boldsymbol{V}(\boldsymbol{r}_i) + O(\varepsilon^2)$$

となる．最後の誤差項が $O(\varepsilon^2)$ になっているのは，定まった領域を辺長が $O(\varepsilon)$ の微小三角形の和集合で近似するので，微小三角形の総数が $O(\varepsilon^{-2})$ になるからである．ここで左辺の $\sum_i \int_{\partial T_\varepsilon^i} \boldsymbol{V} \cdot \boldsymbol{n}\, ds$ について考えてみる．図 8.3 のように T_ε^j と T_ε^k が 1 辺を共有しているとき，

$$\int_{\partial T_\varepsilon^j} \boldsymbol{V} \cdot \boldsymbol{n}\, ds + \int_{\partial T_\varepsilon^k} \boldsymbol{V} \cdot \boldsymbol{n}\, ds$$

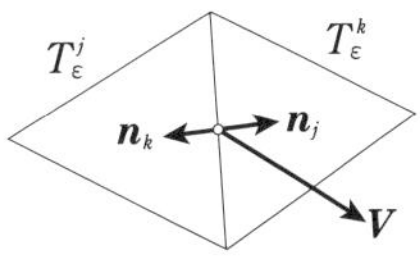

の共有辺に対応する部分がちょうどキャンセルするはずである（なぜなら T_ε^j から T_ε^k への流出は，T_ε^k から T_ε^j への流出の符号を逆転させたものであるから）．

図 8.3 隣り合わせの三角形に共有される辺上の積分

このように考えてみると，$\sum_i \int_{\partial T_\varepsilon^i} \boldsymbol{V} \cdot \boldsymbol{n}\, ds$ の中で残るのは，2 つの三角形によって共有されない辺，すなわち $D_\varepsilon = \bigcup_i T_\varepsilon^i$ の境界 ∂D_ε 上の積分だけであることがわかる（ここが 8.1 節で述べたロジックと同様なところである）．よって，

$$\int_{\partial D_\varepsilon} \boldsymbol{V} \cdot \boldsymbol{n}\, ds = \sum_i S_\varepsilon^i \nabla \cdot \boldsymbol{V}(\boldsymbol{r}_i) + O(\varepsilon^2)$$

が成り立ち，$\varepsilon \downarrow 0$ とすると，

$$\int_{\partial D} \boldsymbol{V} \cdot \boldsymbol{n}\, ds = \int_D \nabla \cdot \boldsymbol{V}\, dS \qquad (8.3)$$

（$\boldsymbol{n}$ は ∂D における外向き単位法線ベクトル）が得られる．この公式を**ガウスの定理**または**ガウスの発散定理**という．発散の意味を直観的に理解している読者にとっては，この定理の意味はきわめて明瞭であろう．すなわち，「領

域 D の水は D の中で湧き出した分だけ境界 ∂D を通って出ていった」という，ただそれだけのことである．

実際の計算をするために，この定理を成分を用いて書き下しておこう．

$$\int_{\partial D}(un_x+vn_y)ds=\int_D\left(\frac{\partial u}{\partial x}+\frac{\partial v}{\partial y}\right)dS. \tag{8.4}$$

ただし，$\boldsymbol{n}=(n_x,n_y)$ である．

【問題 8.1】 次のベクトル場 $\boldsymbol{V}$ と領域 D について，ガウスの定理が成り立つことを両辺の積分を計算することによって確かめよ．

(1) $\boldsymbol{V}=(ax+by,cx+dy)$, D は図 8.4 の (a),

(2) $\boldsymbol{V}=(xy,xy)$, D は図 8.4 の (b).

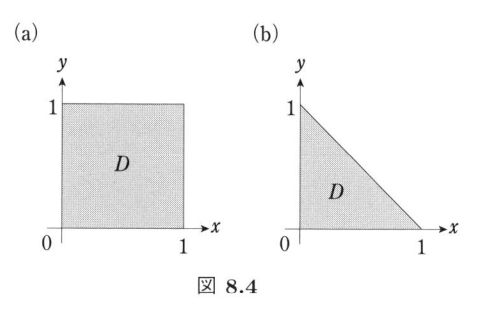

図 8.4

【解】 (1) 両辺とも $a+d$, (2) 両辺とも $\dfrac{1}{3}$.

【問題 8.2】 領域 D の面積を S とするとき，$S=\dfrac{1}{2}\displaystyle\int_{\partial D}\boldsymbol{r}\cdot\boldsymbol{n}\,ds$ であることを示せ．

【解】 $\displaystyle\int_{\partial D}\boldsymbol{r}\cdot\boldsymbol{n}\,ds=\int_D\nabla\cdot\boldsymbol{r}\,dS=2\int_D dS=2S.$

【問題 8.3】 領域 D が原点を含まないとき，$\displaystyle\int_{\partial D}\frac{1}{r^2}\boldsymbol{r}\cdot\boldsymbol{n}\,ds=0$ であることを示せ（ただし，$r=|\boldsymbol{r}|$）．

【解】 $\displaystyle\int_{\partial D}\frac{1}{r^2}\boldsymbol{r}\cdot\boldsymbol{n}\,ds=\int_D\nabla\cdot\left(\frac{\boldsymbol{r}}{r^2}\right)dS$ である．

$$\nabla \cdot \left(\frac{\boldsymbol{r}}{r^2}\right) = \nabla\left(\frac{1}{r^2}\right) \cdot \boldsymbol{r} + \frac{1}{r^2}\nabla \cdot \boldsymbol{r} = -2\frac{1}{r^3}(\nabla r) \cdot \boldsymbol{r} + \frac{2}{r^2} = 0 \text{ より示せた.}$$

【問題 8.4】 上の問題 8.3 で D が原点を中心とする半径 R の円盤であったとすると $\int_{\partial D} \frac{1}{r^2}\boldsymbol{r} \cdot \boldsymbol{n}\, ds = 0$ は成り立つか.

【解】 成り立たない.ベクトル場 $\frac{1}{r^2}\boldsymbol{r}$ は原点で定義されていないので原点を含むような領域 D ではガウスの定理は適用できない.ただし,この場合は積分値は直接計算できる.∂D 上では $\boldsymbol{r} = R\boldsymbol{n}$ であるから,$\int_{\partial D} \frac{1}{r^2}\boldsymbol{r} \cdot \boldsymbol{n}\, ds = \int_{\partial D} \frac{1}{R}\, ds = 2\pi$.

【問題 8.5】 D が原点を含むような任意の領域であるとき,$\int_{\partial D} \frac{1}{r^2}\boldsymbol{r} \cdot \boldsymbol{n}\, ds = 2\pi$ が成り立つことを示せ.

【解】 問題 8.3 と問題 8.4 を用いる.図 8.5 のように,原点を中心とした十分小さい円盤(半径 ε)を D_ε とし,D から D_ε をくりぬいた領域を考える.この領域上ではベクトル場 $\frac{1}{r^2}\boldsymbol{r}$ は定義されているので,ガウスの定理を適用することができて $\int_{\partial D} \frac{1}{r^2}\boldsymbol{r} \cdot \boldsymbol{n}\, ds + \int_{\partial D_\varepsilon} \frac{1}{r^2}\boldsymbol{r} \cdot \boldsymbol{n}\, ds = 0$. ただし,$\partial D_\varepsilon$ 上での $\boldsymbol{n}$ は円盤 D_ε の内側を向いている.問題 8.4 より $\int_{\partial D_\varepsilon} \frac{1}{r^2}\boldsymbol{r} \cdot \boldsymbol{n}\, ds = -2\pi$ であるから,$\int_{\partial D} \frac{1}{r^2}\boldsymbol{r} \cdot \boldsymbol{n}\, ds = 2\pi$.

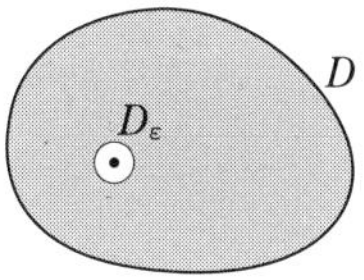

図 8.5

<u>グリーンの定理</u>　渦度に関する性質を思いだしておこう.ベクトル場 $\boldsymbol{V}$ が与えられているとする.微小な正方形 Q_ε(1 辺の長さ ε)に対し,

$$\int_{\partial Q_\varepsilon} \boldsymbol{V} \cdot d\boldsymbol{r} = S_\varepsilon\, [\nabla\ \boldsymbol{V}](\boldsymbol{r}_0) + O(\varepsilon^4)$$

が成り立つ((6.13)式参照).ただし ∂Q_ε 上の積分に際しては反時計回りを

正の方向とする．また，$S_\varepsilon (= \varepsilon^2)$ は Q_ε の面積であり，$\boldsymbol{r}_0$ は Q_ε の中心の位置ベクトルである．

この性質は前項での発散と同様，微小な三角形についても成り立つ．すなわち，微小な三角形 T_ε に対し，

$$\int_{\partial T_\varepsilon} \boldsymbol{V} \cdot d\boldsymbol{r} = S_\varepsilon [\nabla \ \boldsymbol{V}](\boldsymbol{r}_0) + O(\varepsilon^4) \tag{8.5}$$

が成り立つ．ただし境界は反時計回りを正の方向とし，S_ε は T_ε の面積であり，$\boldsymbol{r}_0$ は T_ε の重心の位置ベクトルである（図 8.6）．これは渦度 $[\nabla \ \boldsymbol{V}]$ の局所的な性質であるが，この局所的な性質を積み上げることによって大域的な性質を導いてみよう．

前項と同様に，図 8.7 のような領域 D に対し，微小な三角形による分割 $\{T_\varepsilon^i\}_i$ を考える．各 T_ε^i においては，

$$\int_{\partial T_\varepsilon^i} \boldsymbol{V} \cdot d\boldsymbol{r} = S_\varepsilon^i [\nabla \ \boldsymbol{V}](\boldsymbol{r}_i) + O(\varepsilon^4)$$

が成り立つ．ただし，S_ε^i は T_ε^i の面積であり，$\boldsymbol{r}_i$ は T_ε^i の重心の位置ベクトルである．ここで i について和をとると，

$$\sum_i \int_{\partial T_\varepsilon^i} \boldsymbol{V} \cdot d\boldsymbol{r} = \sum_i S_\varepsilon^i [\nabla \ \boldsymbol{V}](\boldsymbol{r}_i) + O(\varepsilon^2).$$

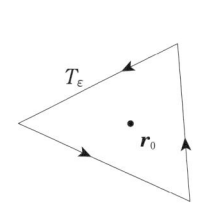

図 8.6 微小三角形 T_ε と境界 ∂T_ε の向き付け

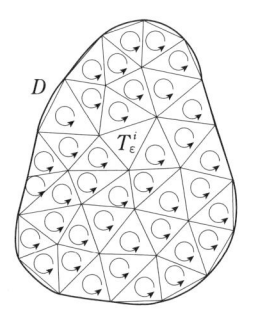

図 8.7 微小三角形 T_ε^i $(i = 1, 2, \cdots)$ のはりあわせ $D_\varepsilon = \bigcup_i T_\varepsilon^i$ による領域 D の近似

ここですべての三角形の境界において反時計回りの方向を正の方向としているから，図 8.8 のように T_ε^j と T_ε^k が 1 辺を共有しているとき，

$$\int_{\partial T_\varepsilon^j} \boldsymbol{V} \cdot d\boldsymbol{r} + \int_{\partial T_\varepsilon^k} \boldsymbol{V} \cdot d\boldsymbol{r}$$

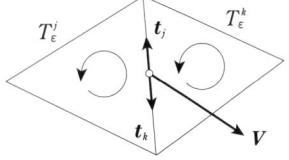

図 8.8 隣り合わせの三角形に共有される辺上の積分

の共有辺に対応する部分がちょうどキャンセルするはずである．結局，$\sum_i \int_{\partial T_\varepsilon^i} \boldsymbol{V} \cdot d\boldsymbol{r}$ の中で残るのは，2 つの三角形によって共有されない辺，すなわち $D_\varepsilon = \bigcup_i T_\varepsilon^i$ の境界 ∂D_ε 上の積分だけであることがわかる．よって，

$$\int_{\partial D_\varepsilon} \boldsymbol{V} \cdot d\boldsymbol{r} = \sum_i S_\varepsilon^i \left[\nabla \ \boldsymbol{V}\right](\boldsymbol{r}_i) + O(\varepsilon^2)$$

が成り立ち，$\varepsilon \downarrow 0$ とすると，

$$\int_{\partial D} \boldsymbol{V} \cdot d\boldsymbol{r} = \int_D [\nabla \ \boldsymbol{V}] \, dS \tag{8.6}$$

が得られる．これを**グリーンの定理**という．

さて，この式の左辺は線積分で書かれているが，もちろんこのタイプの線積分の値は曲線 ∂D の向き付けに依存して符合が変わる．上の証明からわかるようにこの曲線の向きは，「その向きに曲線上を歩くとき，左側に領域を見るような向き」でなくてはならない．平面領域の境界曲線に対してこのように決まる向きを**正の向き**という．すなわち，グリーンの定理に現れる境界曲線は正の向きに向き付けられていなければならない．

注意 8.1 図 8.9 (a) のように穴のない領域では正の向きは反時計回りということであるが，図 8.9 (b) のように穴があいていれば，その穴を囲む境界に関しては正の向きは時計回りである．

グリーンの定理についても，成分を用いて表現しておこう．

8.2　2 次元空間における積分公式　177

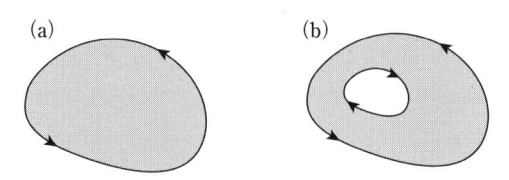

図 8.9 平面領域の境界曲線の正の向き

$$\int_{\partial D} udx + vdy = \int_{D} \left(\frac{\partial v}{\partial x} - \frac{\partial u}{\partial y} \right) dS. \tag{8.7}$$

【問題 8.6】 次のベクトル場 $\boldsymbol{V}$ と領域 D について，グリーンの定理が成り立つことを両辺の積分を計算することによって確かめよ．
(1) $\boldsymbol{V} = (ax+by, cx+dy)$, D は図 8.10 (a),
(2) $\boldsymbol{V} = (-xy, xy)$, D は図 8.10 (b).

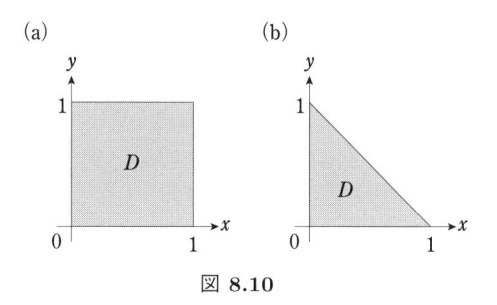

図 8.10

【解】 (1) 両辺とも $c-b$, (2) 両辺とも $\dfrac{1}{3}$.

【問題 8.7】 $\boldsymbol{V} = (e^x \cos \pi y, e^x \sin \pi y)$ と領域 $D = [0,1] \times [0,1]$ について，$\displaystyle \int_{\partial D} \boldsymbol{V} \cdot d\boldsymbol{r}$ を計算せよ．

【解】 $[\nabla\ \boldsymbol{V}] = (1+\pi)e^x \sin \pi y$ であるから，
$$\int_{\partial D} \boldsymbol{V} \cdot d\boldsymbol{r} = (1+\pi) \int_0^1 \int_0^1 e^x \sin \pi y \, dxdy = 2(e-1)\frac{1+\pi}{\pi}.$$

【問題 8.8】 平面領域 D の面積を S とするとき，

$$S = \frac{1}{2}\int_{\partial D} -y\,dx + x\,dy \tag{8.8}$$

が成り立つことを示せ．

【解】　(8.7) 式に $u = -y$, $v = x$ を代入すると，
$$\int_{\partial D} -y\,dx + x\,dy = \int_D 2\,dS = 2S.$$

【問題 8.9】　線積分を用いることにより楕円 $C: \dfrac{x^2}{a^2} + \dfrac{y^2}{b^2} = 1$ の面積 S を求めよ．

【解】　$S = \dfrac{1}{2}\int_C -y\,dx + x\,dy$ である．C を $x = a\cos t$, $y = b\sin t$ ($0 \leq t < 2\pi$) とパラメータ表示すれば，$dx = -a\sin t\,dt$, $dy = b\cos t\,dt$ であるから，$S = \dfrac{1}{2}\displaystyle\int_0^{2\pi} \{(-b\sin t)(-a\sin t) + a\cos t\,b\cos t\}dt = \pi ab.$

8.3　3次元空間における積分公式

<u>ガウスの定理</u>　　空間 3 次元の場合も，発散の局所的性質として，2 次元と同様な公式
$$\int_{\partial T_\varepsilon} \boldsymbol{V} \cdot \boldsymbol{n}\,dS = V_\varepsilon \nabla \cdot \boldsymbol{V}(\boldsymbol{r}_0) + O(\varepsilon^5)$$

が成り立つ．ただし，T_ε は微小な四面体で V_ε はその体積であり，$\boldsymbol{r}_0$ は T_ε の重心の位置ベクトルである．ここから 3 次元のガウスの定理を導く手順は以下に見るように 2 次元の場合とまったく同様である．与えられた領域 D に対して微小な四面体による分割 $\{T_\varepsilon^i\}_i$ を考えると，
$$\sum_i \int_{\partial T_\varepsilon^i} \boldsymbol{V} \cdot \boldsymbol{n}\,dS = \sum_i V_\varepsilon^i \nabla \cdot \boldsymbol{V}(\boldsymbol{r}_i) + O(\varepsilon^2)$$

が成り立つ．左辺の積分のうち2つの四面体によって共有される三角形上の積分をキャンセルすると（$D_\varepsilon = \bigcup_i T_\varepsilon^i$ として），

$$\int_{\partial D_\varepsilon} \boldsymbol{V} \cdot \boldsymbol{n}\, dS = \sum_i V_\varepsilon^i \nabla \cdot \boldsymbol{V}(\boldsymbol{r}_i) + O(\varepsilon^2)$$

が成り立ち，$\varepsilon \downarrow 0$ とすると，

$$\int_{\partial D} \boldsymbol{V} \cdot \boldsymbol{n}\, dS = \int_D \nabla \cdot \boldsymbol{V}\, dV \tag{8.9}$$

（$\boldsymbol{n}$ は ∂D における外向き単位法線ベクトル）が得られる．これが3次元の場合のガウスの定理（ガウスの発散定理）である．これは $\boldsymbol{n}\, dS = d\boldsymbol{S}$（面積要素ベクトル，100ページ参照）とおくことによって，

$$\int_{\partial D} \boldsymbol{V} \cdot d\boldsymbol{S} = \int_D \nabla \cdot \boldsymbol{V}\, dV \tag{8.10}$$

と書くこともできる．また成分で書けば，

$$\int_{\partial D} (u n_x + v n_y + w n_z) dS = \int_D \left(\frac{\partial u}{\partial x} + \frac{\partial v}{\partial y} + \frac{\partial w}{\partial z} \right) dV \tag{8.11}$$

となる．ただし $\boldsymbol{n} = (n_x, n_y, n_z)$ である．

【問題 8.10】 領域 D の体積を V とすると，$V = \dfrac{1}{3} \displaystyle\int_{\partial D} \boldsymbol{r} \cdot d\boldsymbol{S}$ であることを示せ．

【解】 $\displaystyle\int_{\partial D} \boldsymbol{r} \cdot d\boldsymbol{S} = \int_D \nabla \cdot \boldsymbol{r}\, dV = 3 \int_D dV = 3V.$

【問題 8.11】 問題 8.10 の式が，原点を中心とする半径 R の球について成り立つことを，境界上の積分を直接計算することによって確認せよ．

【解】 $\dfrac{1}{3} \displaystyle\int_{\partial D} \boldsymbol{r} \cdot d\boldsymbol{S} = \dfrac{1}{3} \int_{\partial D} R\boldsymbol{n} \cdot \boldsymbol{n}\, dS = \dfrac{1}{3} R \int_{\partial D} dS = \dfrac{4}{3} \pi R^3.$

【問題 8.12】 3次元空間の中の領域 D とベクトル場 $\boldsymbol{V}$ に対し，

$$\int_{\partial D} (\nabla \times \boldsymbol{V}) \cdot d\boldsymbol{S} = 0$$

が成り立つことを示せ．

【解】 $\int_{\partial D}(\nabla\times\boldsymbol{V})\cdot d\boldsymbol{S} = \int_D \nabla\cdot(\nabla\times\boldsymbol{V})dV$ で，問題7.16より $\nabla\cdot(\nabla\times\boldsymbol{V}) = 0$ であることから示される．

【問題 8.13】 ベクトル場が $\boldsymbol{V} = (x^3+yz^2, y^3+zx^2, z^3+xy^2)$ で与えられているとき，$\int_{\partial D} \boldsymbol{V}\cdot d\boldsymbol{S}$ を求めよ．ただし，D は原点中心の単位球とする．

【解】
$$\int_{\partial D}\boldsymbol{V}\cdot d\boldsymbol{S} = \int_D \nabla\cdot\boldsymbol{V}dV = 3\int_D r^2 dV$$
$$= 3\int_0^{2\pi}\int_0^{\pi}\int_0^1 r^2 r^2 \sin\theta\, dr d\theta d\varphi = \frac{12}{5}\pi.$$

ストークスの定理 前節で得たグリーンの定理を3次元空間の中にある曲面にまで拡張してみよう．まず，図8.11にあるような3次元空間内の表裏の定義された微小な三角形 T_ε に関して次の公式が成り立つ．

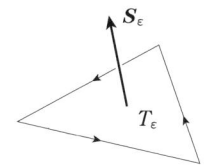

図 **8.11** 3次元空間に浮かぶ，面積ベクトル $\boldsymbol{S}_\varepsilon$ を持つ微小三角形 T_ε

$$\int_{\partial T_\varepsilon} \boldsymbol{V} \cdot d\boldsymbol{r} = \boldsymbol{S}_\varepsilon \cdot (\nabla \times \boldsymbol{V})(\boldsymbol{r}_0) + O(\varepsilon^4). \tag{8.12}$$

ただし，ここで $\boldsymbol{S}_\varepsilon$ は三角形 T_ε の面積ベクトルで，$\boldsymbol{r}_0$ は T_ε の重心の位置ベクトルである．ただし，∂T_ε の向き付けは，右ネジを $\boldsymbol{S}_\varepsilon$ 方向（T_ε の表方向）にねじ込むときの回転方向を正の向きとする．前節同様，この局所性

質を積み上げることによって，大域的な性質を導きだしてみよう．ということで，ここから先はお決まりのストーリーである．まず，3 次元空間の中に表裏の定義された曲面 S があるとする．この曲面を図 8.12 のように三角形分割 $\{T_\varepsilon^i\}_i$ で近似する．分割を構成する各三角形 T_ε^i は十分サイズが小さい

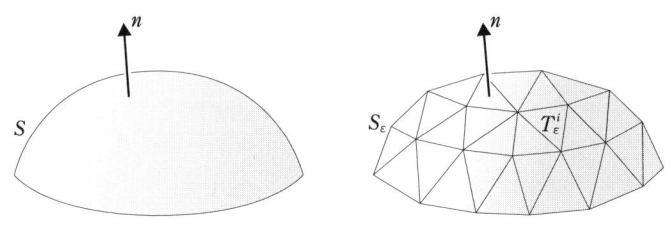

図 **8.12** 微小三角形 T_ε^i ($i = 1, 2, \cdots$) のはりあわせ $S_\varepsilon = \bigcup_i T_\varepsilon^i$ による曲面 S の近似．$\boldsymbol{n}$ は表方向を表わす単位法線ベクトルである

（辺長が $O(\varepsilon)$）としよう．ただし，T_ε^i の表方向はもとの曲面 S の表方向に一致させておくとする．各 T_ε^i においては，

$$\int_{\partial T_\varepsilon^i} \boldsymbol{V} \cdot d\boldsymbol{r} = \boldsymbol{S}_\varepsilon^i \cdot (\nabla \times \boldsymbol{V})(\boldsymbol{r}_i) + O(\varepsilon^4)$$

が成り立っている．ただし，$\boldsymbol{S}_\varepsilon^i$ は T_ε^i の面積ベクトルであり，$\boldsymbol{r}_i$ は T_ε^i の重心の位置ベクトルである．ここで i について和をとると，

$$\sum_i \int_{\partial T_\varepsilon^i} \boldsymbol{V} \cdot d\boldsymbol{r} = \sum_i \boldsymbol{S}_\varepsilon^i \cdot (\nabla \times \boldsymbol{V})(\boldsymbol{r}_i) + O(\varepsilon^2).$$

ここで左辺の $\sum_i \int_{\partial T_\varepsilon^i} \boldsymbol{V} \cdot d\boldsymbol{r}$ について考えてみる．図 8.13 のように T_ε^j と T_ε^k が 1 辺を共有しているとき，

$$\int_{\partial T_\varepsilon^j} \boldsymbol{V} \cdot d\boldsymbol{r} + \int_{\partial T_\varepsilon^k} \boldsymbol{V} \cdot d\boldsymbol{r}$$

の共有辺に対応する部分がちょうどキャンセルする．すると $\sum_i \int_{\partial T_\varepsilon^i} \boldsymbol{V} \cdot d\boldsymbol{r}$ の中で残るのは，2 つの三角形

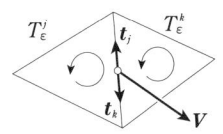

図 **8.13** 隣り合わせの三角形に共有される辺上の積分

によって共有されない辺, すなわち $S_\varepsilon = \bigcup_i T_\varepsilon^i$ の境界 ∂S_ε 上の積分だけであることがわかる. よって,

$$\int_{\partial S_\varepsilon} \boldsymbol{V} \cdot d\boldsymbol{r} = \sum_i \boldsymbol{S}_\varepsilon^i \cdot (\nabla \times \boldsymbol{V})(\boldsymbol{r}_i) + O(\varepsilon^2)$$

であり, $\varepsilon \downarrow 0$ とすると,

$$\int_{\partial S} \boldsymbol{V} \cdot d\boldsymbol{r} = \int_S (\nabla \times \boldsymbol{V}) \cdot d\boldsymbol{S} \tag{8.13}$$

が成り立つ. この式を**ストークスの定理**という. ここで, 曲面の境界 ∂S における向き付けは次のようになる. すなわち, 曲面の表方向を上と思って ∂S 上を歩いたとき, 曲面が左側にくるような向きを正の向きとするのである (図 8.14). 成分による表示は次のようになる.

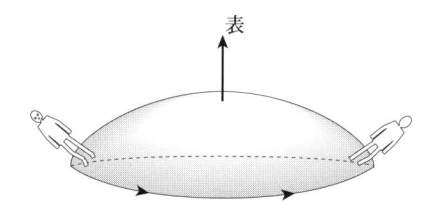

図 **8.14** 3 次元空間内にある, 曲面の境界曲線の正の向き

$$\int_{\partial S} u\,dx + v\,dy + w\,dz$$
$$= \int_S \left\{ \left(\frac{\partial w}{\partial y} - \frac{\partial v}{\partial z} \right) n_x + \left(\frac{\partial u}{\partial z} - \frac{\partial w}{\partial x} \right) n_y + \left(\frac{\partial v}{\partial x} - \frac{\partial u}{\partial y} \right) n_z \right\} dS. \tag{8.14}$$

【**問題 8.14**】 平面 $x + y + z = 1$ の $x \geq 0, y \geq 0, z \geq 0$ の部分を S とし (ただし $x + y + z > 1$ の側が表), ベクトル場 $\boldsymbol{V} = (3z, x, 2y)$ を考える. このとき, ストークスの定理が成り立つことを計算によって確かめよ.

【**解**】 図 8.15 のように, S は単位法線ベクトル $\boldsymbol{n} = \left(\frac{1}{\sqrt{3}}, \frac{1}{\sqrt{3}}, \frac{1}{\sqrt{3}} \right)$ を

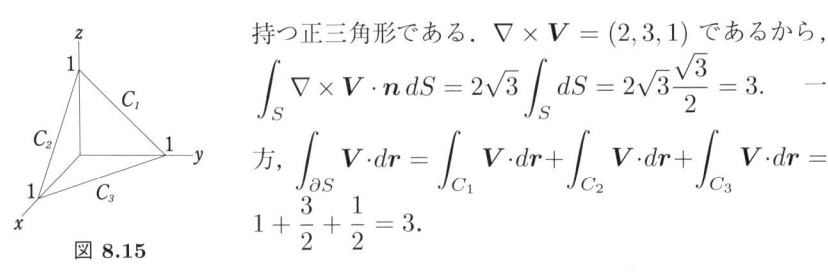

持つ正三角形である．$\nabla \times \boldsymbol{V} = (2, 3, 1)$ であるから，
$$\int_S \nabla \times \boldsymbol{V} \cdot \boldsymbol{n} \, dS = 2\sqrt{3} \int_S dS = 2\sqrt{3} \frac{\sqrt{3}}{2} = 3.$$
一方，$\int_{\partial S} \boldsymbol{V} \cdot d\boldsymbol{r} = \int_{C_1} \boldsymbol{V} \cdot d\boldsymbol{r} + \int_{C_2} \boldsymbol{V} \cdot d\boldsymbol{r} + \int_{C_3} \boldsymbol{V} \cdot d\boldsymbol{r} = 1 + \frac{3}{2} + \frac{1}{2} = 3.$

図 8.15

【問題 8.15】 S が表裏の定義された閉曲面であるとき $\int_S (\nabla \times \boldsymbol{V}) \cdot d\boldsymbol{S} = 0$ であることを示せ．

【解】 ストークスの定理と，∂S が空集合であることから示される．

【問題 8.16】 球面 $x^2 + y^2 + z^2 = 1$ の $z \geq 0$ の部分を S とし，$\boldsymbol{V} = (y, 0, x^2 + z^2)$ とする．このとき $\int_S (\nabla \times \boldsymbol{V}) \cdot d\boldsymbol{S}$ を求めよ．ただし S の表は $x^2 + y^2 + z^2 > 1$ の側とする．

【解】 ∂S は xy 平面上の単位円周であり $\boldsymbol{r}(t) = (\cos t, \sin t, 0)$ $(0 \leq t < 2\pi)$ によって表される．t が増加する向きが正の向きである．それを用いて，
$$\int_S (\nabla \times \boldsymbol{V}) \cdot d\boldsymbol{S} = \int_{\partial S} \boldsymbol{V} \cdot d\boldsymbol{r} = \int_0^{2\pi} (-\sin^2 t) dt = -\pi.$$

注意 8.2 ストークスの定理では，曲面 S に表裏が定義されていなければならない．表裏がきちんと定義されていれば，曲面の境界における正の向きも自然に導かれる．では，表裏が定義できない曲面などというものが存在するのだろうか？ じつはそのような曲面は存在して，その典型的な例が**メビウスの帯**である．これは，図 8.16 のように紙テープを半ひねりして貼り合わせることによって簡単につくれるが，たしかに局所的に表裏を決めることはできても，全体として表裏を決めることはできない．つくったことのない人はぜひ一度はつくって遊んでみていただきたい．

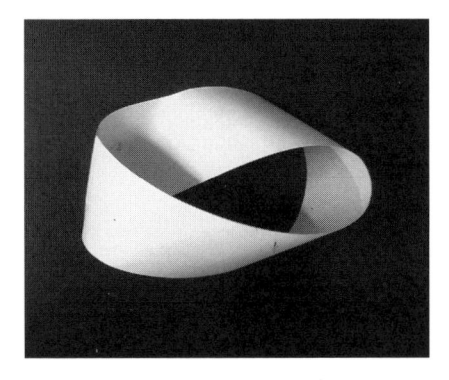

図 8.16　メビウスの帯

回転の意味付け　ベクトル場 $\bm{V}$ が与えられているとする．3次元空間の中の，中心の位置ベクトルが $\bm{r}$ で半径 ε の微小円盤 D_ε を考える（図 8.17）．この微小円盤にストークスの定理を適用すると，

$$\int_{\partial D_\varepsilon} \bm{V} \cdot d\bm{r} = \int_{D_\varepsilon} (\nabla \times \bm{V}) \cdot \bm{n}\, dS$$

図 8.17

（ただし，$\bm{n}$ は D_ε の単位法線ベクトルとする）．ここで両辺を D_ε の面積 $S_\varepsilon = \pi\varepsilon^2$ で割り，$\varepsilon \downarrow 0$ の極限をとると，

$$\lim_{\varepsilon \downarrow 0} \frac{1}{\pi\varepsilon^2} \int_{\partial D_\varepsilon} \bm{V} \cdot d\bm{r} = \bm{n} \cdot (\nabla \times \bm{V})(\bm{r}). \tag{8.15}$$

これは前章で説明なしに述べておいたベクトル場の回転 $\nabla \times \bm{V}$ の直観的な意味を与えている．すなわち，点 $\bm{r}$ において単位ベクトル $\bm{n}$ によって与えられる軸まわりの（微小円盤を用いて測った）循環量密度は，$\bm{n} \cdot (\nabla \times \bm{V})(\bm{r})$ によって与えられる．

章末問題

[8.1] 曲線 $x = \cos^3\theta,\, y = \sin^3\theta\ (0 \leq \theta < 2\pi)$ の長さと，この曲線で囲まれる図形の面積を求めよ．

[8.2] f を 2 次元空間上の調和関数であるとし，D を 2 次元空間の中の領域とするとき，
(1) $\int_{\partial D} \nabla f \cdot \boldsymbol{n}\, ds = 0$ であることを示せ．
(2) $\int_{\partial D} \dfrac{\partial f}{\partial y} dx - \dfrac{\partial f}{\partial x} dy = 0$ であることを示せ．

[8.3] D は 2 次元空間の中の領域であるとして，D の面積を S とおく．
(1) $\int_{\partial D} y dx + x dy$ を求めよ．
(2) $S = \int_{\partial D} x dy = -\int_{\partial D} y dx$ であることを示せ．

[8.4] D は 3 次元空間の中の領域であるとする．このとき次の等式が成り立つことを示せ．
$$\int_{\partial D} \frac{1}{r^3} \boldsymbol{r} \cdot d\boldsymbol{S} = \begin{cases} 0, & (0,0,0) \notin D \\ 4\pi, & (0,0,0) \in D. \end{cases}$$
（ヒント：$(0,0,0) \in D$ の場合は D から原点を中心とした小さな球を除いた領域にガウスの定理を適用する．問題 8.5 参照）．

[8.5] D は 3 次元空間の中の領域であるとき，
$$\int_{\partial D} f \frac{\partial f}{\partial n} dS = \int_D |\nabla f|^2 dV + \int_D f \nabla^2 f dV$$
が成り立つことを示せ．ただし，$\dfrac{\partial f}{\partial n}$ は f の ∂D 上での外向き法線方向の方向微分係数である．

[8.6] D は 3 次元空間の中の領域であるとし，f は調和関数とする．
(1) ∂D の上で $f = 0$ がみたされるとき，D 全体で $f = 0$ であることを示せ．
(2) ∂D の上で $\dfrac{\partial f}{\partial n} = 0$ がみたされるとき，f はどのような関数か．

[8.7] S は 3 次元空間の中の表裏の定義された曲面であるとする．$\int_{\partial S} r^2 \boldsymbol{r} \cdot d\boldsymbol{r}$ を計算せよ．

[8.8] S は 3 次元空間の中の表裏の定義された曲面であるとし, f, g をスカラー場とすると,
$$\int_{\partial S} (f\nabla g + g\nabla f) \cdot d\boldsymbol{r} = 0$$
であることを示せ.

[8.9] 回転放物面 $z = x^2 + y^2$ の $z \leq 1$ の部分を S とし, 領域 $\{(x, y, z); z < x^2 + y^2\}$ のあるほうを表とする. ベクトル場 $\boldsymbol{V} = (-y + z, xz, e^x)$ に対し $\int_S (\nabla \times \boldsymbol{V}) \cdot d\boldsymbol{S}$ を計算せよ.

付 録

A (1.1) 式と (1.2) 式の証明

ベクトル $\bm{a}$ を固定して，$\bm{v}$ に $\bm{a} \times \bm{v}$ を対応させる写像 $f_{\bm{a}}$ を考える．この写像が 3 次元空間における 1 次変換であることがいえれば，$f_{\bm{a}}(\lambda \bm{b}) = \lambda f_{\bm{a}}(\bm{b})$ より (1.1) 式が，$f_{\bm{a}}(\bm{b}+\bm{c}) = f_{\bm{a}}(\bm{b}) + f_{\bm{a}}(\bm{c})$ より (1.2) 式が示せたことになる．

$\bm{a}$ の直交補空間（原点を通り $\bm{a}$ に垂直な平面）を W とし，この W への正射影変換を P とおく．さらにたんに $|\bm{a}|$ 倍する変換を Q とし，$\bm{a}$ まわりの $\frac{\pi}{2}$ の回転を R とする．このとき，$f_{\bm{a}} = RQP$ であることを示そう．まず $P\bm{v}$ は定義から W の上にあり，図 A.1 からわかるように $|P\bm{v}| = |\bm{v}|\sin\theta$ である．ただし，θ は $\bm{a}$ と $\bm{v}$ のなす角で $0 \leq \theta \leq \pi$ とする．当然 $|QP\bm{v}| = |\bm{a}||\bm{v}|\sin\theta$ であり，これは $\bm{a}$ と $\bm{v}$ のつくる平行四辺形の面積である．外積の定義から考えて，このベクトルを $\bm{a}$ のまわりに $\frac{\pi}{2}$ 回転させたものが $\bm{a} \times \bm{v}$ に他ならない．よって $f_{\bm{a}} = RQP$

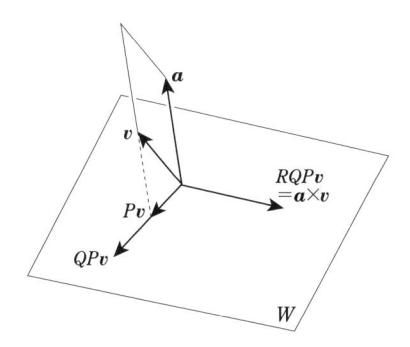

図 A.1 1 次変換の合成による外積の表現

が示せた．ここで P, Q, R はすべて 1 次変換であるから $f_{\boldsymbol{a}}$ も 1 次変換である．

B 行列式の幾何学的意味

線形代数を初めて学ぶときに，定義を見ただけではなかなかイメージのつかみにくい概念の 1 つが**行列式**である．ここでは，行列式の持つ幾何学的意味を **1 次変換**と関係付けて説明しておこう．

まず，2 行 2 列の行列 $A = \begin{pmatrix} a_{11} & a_{12} \\ a_{21} & a_{22} \end{pmatrix}$ の行列式

$$|A| = \begin{vmatrix} a_{11} & a_{12} \\ a_{21} & a_{22} \end{vmatrix} = a_{11}a_{22} - a_{12}a_{21}$$

を考える．ここで $\boldsymbol{a}$ と $\boldsymbol{b}$ を，

$$A = \begin{pmatrix} a_{11} & a_{12} \\ a_{21} & a_{22} \end{pmatrix} = \begin{pmatrix} \boldsymbol{a} \\ \boldsymbol{b} \end{pmatrix}$$

というふうに行列 A を横に切って得られた 2 つの横ベクトル，すなわち $\boldsymbol{a} = (a_{11}, a_{12})$, $\boldsymbol{b} = (a_{21}, a_{22})$ としておくと，行列式 $|A|$ は 2 つのベクトル $\boldsymbol{a}$ と $\boldsymbol{b}$ のつくる平行四辺形の符号付き面積 $[\boldsymbol{a}\ \boldsymbol{b}]$ に他ならない（28 ページ参照）．また $|A^T| = |A|$ であることから（A^T は A の転置行列），

$$A = \left(\begin{array}{c|c} a_{11} & a_{12} \\ a_{21} & a_{22} \end{array} \right) = \left(\begin{array}{c|c} \boldsymbol{a} & \boldsymbol{b} \end{array} \right)$$

としたときの，$\boldsymbol{a}$ と $\boldsymbol{b}$ のつくる平行四辺形の符号付き面積 $[\boldsymbol{a}\ \boldsymbol{b}]$ であるといってもよい．ただし，この場合 $\boldsymbol{a}, \boldsymbol{b}$ は行列 A を縦に切って得られた 2 つの縦ベクトル，すなわち $\boldsymbol{a} = \begin{pmatrix} a_{11} \\ a_{21} \end{pmatrix}$, $\boldsymbol{b} = \begin{pmatrix} a_{12} \\ a_{22} \end{pmatrix}$ である．

注意 B.1 ここで横ベクトル (a_x, a_y) や縦ベクトル $\begin{pmatrix} a_x \\ a_y \end{pmatrix}$ といっているが，これらはたんに表記法の違いだけで，実体としては同じベクトル $a_x \boldsymbol{e}_x + a_y \boldsymbol{e}_y$ を表している．

3行3列の行列 A の場合も同様で，行列式 $|A|$ とは，行列 A を横に切って

$$A = \left(\begin{array}{ccc} a_{11} & a_{12} & a_{13} \\ \hline a_{21} & a_{22} & a_{23} \\ \hline a_{31} & a_{32} & a_{33} \end{array} \right) = \left(\begin{array}{c} \boldsymbol{a} \\ \hline \boldsymbol{b} \\ \hline \boldsymbol{c} \end{array} \right)$$

と見たときの横ベクトル $\boldsymbol{a}, \boldsymbol{b}, \boldsymbol{c}$ がつくる平行六面体の符号付き体積 $[\boldsymbol{a}\ \boldsymbol{b}\ \boldsymbol{c}]$ である（29ページ参照）．またそれは，行列 A を縦に切って

$$A = \left(\begin{array}{c|c|c} a_{11} & a_{12} & a_{13} \\ a_{21} & a_{22} & a_{23} \\ a_{31} & a_{32} & a_{33} \end{array} \right) = \left(\begin{array}{c|c|c} \boldsymbol{a} & \boldsymbol{b} & \boldsymbol{c} \end{array} \right)$$

と見たときの縦ベクトル $\boldsymbol{a}, \boldsymbol{b}, \boldsymbol{c}$ がつくる平行六面体の符号付き体積 $[\boldsymbol{a}\ \boldsymbol{b}\ \boldsymbol{c}]$ でもある．

さて次に，A を1次変換と考えたとき，1次変換 A が平面をどのように写すかを考えてみよう．そのために，図 B.1 (a) のように平面を碁盤の目に切っておいて，その格子が A によって写されるようすを見ることにする．

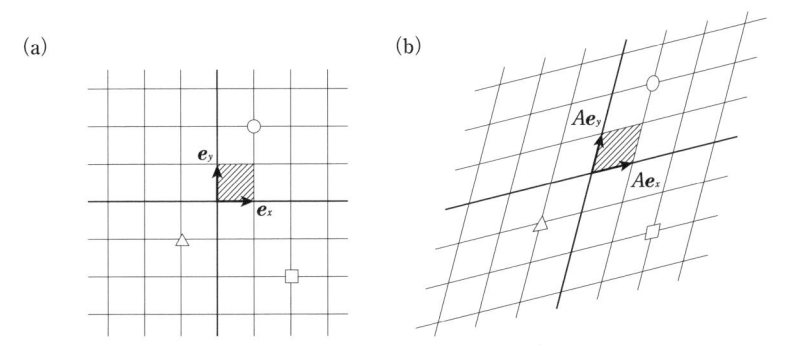

図 **B.1**　1次変換 A による正方格子と斜方格子の対応

注意 B.2　ここでは，行列 A とその行列が表す1次変換をともに A と表記している．ベクトル $\boldsymbol{v}$ に対し $A\boldsymbol{v}$ と書いたとき，それは A が表す1次変換によってベクトル $\boldsymbol{v}$ を写したものという意味である．そしてそれを計算するときは $\boldsymbol{v}$ を縦ベクトルと思って普通に行列とベクトルのかけ算をすればよい．

$\boldsymbol{r} = (x, y) = x\boldsymbol{e}_x + y\boldsymbol{e}_y$ は1次変換 A によって $A\boldsymbol{r} = xA\boldsymbol{e}_x + yA\boldsymbol{e}_y$ に写されるので，図 B.1 (a) の正方格子は図 B.1 (b) に描かれたように，$A\boldsymbol{e}_x$ と $A\boldsymbol{e}_y$ がつ

くる平行四辺形を基本単位とする斜方格子に写されることがわかる．とくに e_x と e_y がつくる正方形は Ae_x と Ae_y がつくる平行四辺形に写されるわけであるが，その符号付き面積は $[Ae_x\ Ae_y]$ で与えられる．一方，

$$Ae_x = \begin{pmatrix} a_{11} & a_{12} \\ a_{21} & a_{22} \end{pmatrix} \begin{pmatrix} 1 \\ 0 \end{pmatrix} = \begin{pmatrix} a_{11} \\ a_{21} \end{pmatrix},$$

$$Ae_y = \begin{pmatrix} a_{11} & a_{12} \\ a_{21} & a_{22} \end{pmatrix} \begin{pmatrix} 0 \\ 1 \end{pmatrix} = \begin{pmatrix} a_{12} \\ a_{22} \end{pmatrix}$$

であるから，Ae_x と Ae_y は A を縦に切って得られる 2 つの縦ベクトルに他ならない．よって，

$$|A| = [Ae_x\ Ae_y] \tag{B.1}$$

が成り立つ．すなわち 2 行 2 列の行列 A の行列式 $|A|$ とは，e_x, e_y がつくる正方形を 1 次変換 A によって写して得られる平行四辺形の符号付き面積である．

このことから，$|A| \neq 0$ であるならば図 B.1 (b) のように Ae_x と Ae_y は 1 次独立で，斜方格子の基本平行四辺形をつくることがわかる．図 B.1 のような状況では，1 次変換 A は平面全体を平面全体に 1 対 1 に写していることは明らかであろう（$xe_x + ye_y \leftrightarrow xAe_x + yAe_y$）．このことは 1 次変換 A が逆変換 A^{-1} を持つこと，すなわち行列 A が正則であることを意味している．これで次の命題

$$|A| \neq 0 \iff A\ \text{が正則行列}$$

の直観的解釈が与えられた．

それに対し，$|A| = 0$ であるときには Ae_x と Ae_y のつくる平行四辺形はつぶれてしまって平行四辺形とは呼べない状況になっている．この状態では，Ae_x と Ae_y は零ベクトルでなければ平行であり，1 次変換 A によって全平面は，原点を通り Ae_x（または Ae_y）と同じ向きの直線に写される．ただし，$A = O$（零行列）の場合は例外で，全平面が直線ではなく 1 点（原点）に写される．いずれにせよ，$|A| = 0$ のときには，1 次変換 A が逆変換 A^{-1} を持たないことは明らかであろう．

上に述べたことを例で見ておこう．行列 $A = \begin{pmatrix} 1 & 1 \\ 0 & 1 \end{pmatrix}$ が与えられたとする．すると，$|A| = 1$ であるから，$Ae_x = \begin{pmatrix} 1 \\ 0 \end{pmatrix}$ と $Ae_y = \begin{pmatrix} 1 \\ 1 \end{pmatrix}$ は（つぶれていない）平行四辺形をつくり，それは図 B.2 (a) に描かれているような斜方格子の基

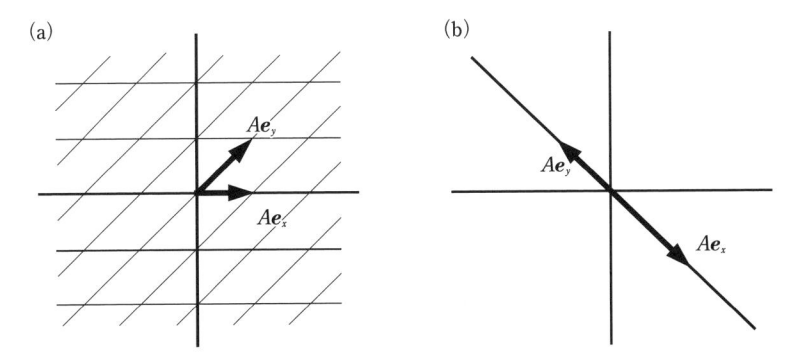

図 B.2 正方格子の 1 次変換 A による像. (a) Ae_x と Ae_y が 1 次独立の場合, (b) Ae_x と Ae_y が 1 次従属の場合

本平行四辺形となっている.次に,行列 $A = \begin{pmatrix} 3 & -2 \\ -3 & 2 \end{pmatrix}$ を考える.この場合は $|A| = 0$ であり,$Ae_x = \begin{pmatrix} 3 \\ -3 \end{pmatrix}$ と $Ae_y = \begin{pmatrix} -2 \\ 2 \end{pmatrix}$ のつくる平行四辺形はつぶれてしまい,図 B.2(b) に描かれているように,全平面の 1 次変換 A による像は Ae_x や Ae_y を含む直線となっている.

3 行 3 列の行列 A に関しても同様に,

$$|A| = [Ae_x \ Ae_y \ Ae_z] \tag{B.2}$$

が成り立つ.すなわち 3 行 3 列の行列 A の行列式 $|A|$ とは,e_x, e_y, e_z がつくる立方体を 1 次変換 A によって写して得られる平行六面体の符号付き体積である.

それゆえ,2 次元の場合と同様に考えると

$$|A| \neq 0 \iff A \text{ が正則行列}$$

であることがわかる.また,$|A| = 0$ は Ae_x, Ae_y, Ae_z のつくる平行六面体がつぶれた状態を意味している.ただし,平行六面体のつぶれ方にも何段階かあって,Ae_x,Ae_y, Ae_z が 1 つの平面上に乗っている場合,1 直線上にある場合,1 点になっている ($A = O$) 場合がある.いずれの場合も $|A| = 0$ で,$|A|$ の値だけではこれらを区別することはできない.これらを区別するのは,rank A という量で,これは全空間の 1 次変換 A による像の次元,すなわち Ae_x, Ae_y, Ae_z が張る空間の次元である.上に述べた各種の平行六面体のつぶれ方には,順に rank $A = 2$, rank $A = 1$, rank $A = 0$ が対応している.もちろん,A が正則のときには rank $A = 3$ であることはいうまでもない.

C テイラー展開と誤差

関数 $f(x)$ を x の近くで 1 次関数によって近似することを考えてみよう．もちろん，図 C.1 (a) を見ても明らかなように，一般の関数 $f(x)$ を 1 次関数で定義域全

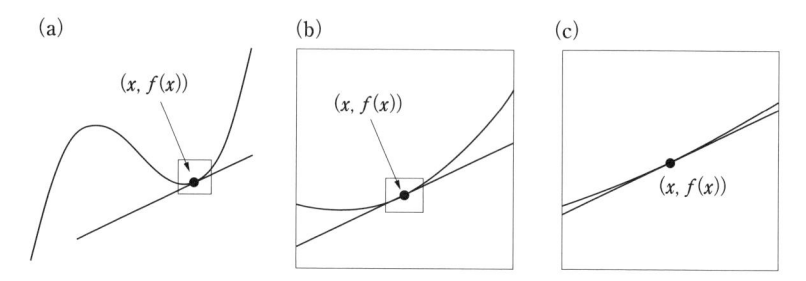

図 C.1 (b) は (a) に描かれた点 $(x, f(x))$ を含む小さな矩形領域の拡大図であり，(c) は (b) に描かれた点 $(x, f(x))$ を含む小さな矩形領域の拡大図である．

域にわたって近似するのは無理な話で，あくまで与えられた x に対し，x からほんのすこし離れた点 $x + \Delta x$ での関数値 $f(x + \Delta x)$ を Δx の 1 次式で近似するということである．関数 $f(x)$ のグラフを図 C.1 (b), (c) に描かれているように，点 $(x, f(x))$ を中心にズームインしてみる．すると，グラフがなめらかであれば（すなわちグラフに跳びや折れがなければ），それは接線によって局所的によく近似されることが直観的にわかるだろう．すなわち，

$$f(x + \Delta x) \simeq f(x) + f'(x)\Delta x \qquad (|\Delta x| \ll 1) \qquad (\text{C.1})$$

である．この右辺の Δx の 1 次式はあくまでも左辺の近似であるから，実際には本当の関数値 $f(x + \Delta x)$ との間にはなにがしかの誤差がある．x を固定すれば，この誤差は Δx の関数と見なせるので，$R(\Delta x)$ とおくことにすると

$$f(x + \Delta x) = f(x) + f'(x)\Delta x + R(\Delta x) \qquad (\text{C.2})$$

と書ける．このとき $R(\Delta x)$ が小さければ小さいほどよい近似であるということになる．この小ささの尺度になるのが**オーダー**という考え方である．$|\Delta x|$ が十分小さいときに $R(\Delta x)$ が $|\Delta x|^\alpha$ の程度の大きさのとき，すなわち適当な定数 M に対し $|R(\Delta x)| \leq M|\Delta x|^\alpha$ が成り立つとき，この誤差のオーダーは α である，という．後で一般化して述べるが，関数 $f(x)$ の 2 階までの導関数が連続なら，誤差

$R(\Delta x)$ のオーダーは 2 である.このような場合に,誤差 $R(\Delta x)$ を $O(|\Delta x|^2)$ と書く.すなわち

$$f(x + \Delta x) = f(x) + f'(x)\Delta x + O(|\Delta x|^2). \tag{C.3}$$

誤差項に関しては,オーダーのみが関心事になることが多いので,このような書き方をするのである.

さて,1 次関数による関数の局所的な近似をまず考えたが,近似に使う関数を 1 次関数に限らず,2 次関数や 3 次関数,さらにはもっと高次の多項式関数によって近似すれば,よりよい近似が得られるのではないかということが当然期待されるだろう(1 次関数はより高次の多項式関数の特殊な場合と考えられるから).このとき問題になるのは,近似多項式の係数をどのようにとるのがベストであるのかということと,係数をベストにとったときに誤差項がどの程度のオーダーになるかということである.関数 $f(x)$ が C^n 級関数,すなわち n 回微分可能で n 階までのすべての導関数が連続であるときには,答えは次のようになる.

$$\begin{aligned}f(x + \Delta x) = &f(x) + \frac{f'(x)}{1!}\Delta x + \frac{f''(x)}{2!}\Delta x^2 + \cdots \\ &+ \frac{f^{(n-1)}(x)}{(n-1)!}\Delta x^{n-1} + O(|\Delta x|^n)\end{aligned} \tag{C.4}$$

すなわち,十分小さい Δx に対し $f(x + \Delta x)$ を Δx の $(n-1)$ 次式で近似することができ,Δx^k $(k = 0, 1, \ldots, n-1)$ の係数を $\dfrac{f^{(k)}(x)}{k!}$ にとるのがもっともよい近似を与え,そのときの誤差項のオーダーが n になることが保証される.このような表式を**テイラー展開**という.テイラー展開を実際に使う場合には,必要な次数までで近似を打ち切る場合がほとんどである.例えば十分に滑らかな関数を,2 次式で近似する場合は

$$f(x + \Delta x) = f(x) + \frac{f'(x)}{1!}\Delta x + \frac{f''(x)}{2!}\Delta x^2 + O(|\Delta x|^3) \tag{C.5}$$

となる.このような近似を,$f(x)$ の x における 2 次までのテイラー展開という.また,十分滑らかな 2 変数関数 $f(x, y)$ の (x, y) における 2 次までのテイラー展開は次のようになる[1].

$$\begin{aligned}f(x + \Delta x, y + \Delta y) = &f(x, y) + \frac{\partial f}{\partial x}(x, y)\Delta x + \frac{\partial f}{\partial y}(x, y)\Delta y \\ &+ \frac{1}{2}\frac{\partial^2 f}{\partial x^2}(x, y)\Delta x^2 + \frac{\partial^2 f}{\partial x \partial y}(x, y)\Delta x \Delta y + \frac{1}{2}\frac{\partial^2 f}{\partial y^2}(x, y)\Delta y^2 \\ &+ O(|\Delta x|^3 + |\Delta y|^3).\end{aligned} \tag{C.6}$$

十分滑らかな3変数関数 $f(x,y,z)$ の (x,y,z) における2次までのテイラー展開は

$$\begin{aligned}
&f(x+\Delta x, y+\Delta y, z+\Delta z)\\
&= f(x,y,z) + \frac{\partial f}{\partial x}(x,y,z)\Delta x + \frac{\partial f}{\partial y}(x,y,z)\Delta y + \frac{\partial f}{\partial y}(x,y,z)\Delta z\\
&\quad + \frac{1}{2}\frac{\partial^2 f}{\partial x^2}(x,y,z)\Delta x^2 + \frac{1}{2}\frac{\partial^2 f}{\partial y^2}(x,y,z)\Delta y^2 + \frac{1}{2}\frac{\partial^2 f}{\partial z^2}(x,y,z)\Delta z^2 \quad \text{(C.7)}\\
&\quad + \frac{\partial^2 f}{\partial y \partial z}(x,y,z)\Delta y \Delta z + \frac{\partial^2 f}{\partial z \partial x}(x,y,z)\Delta z \Delta x + \frac{\partial^2 f}{\partial x \partial y}(x,y,z)\Delta x \Delta y\\
&\quad + O(|\Delta x|^3 + |\Delta y|^3 + |\Delta z|^3)
\end{aligned}$$

で与えられる.

---

1) 3次の展開では Δx^3, Δy^3 以外にも $\Delta x^2 \Delta y$ や $\Delta x \Delta y^2$ が出てくるが,これらの絶対値は $|\Delta x|^3 + |\Delta y|^3$ の定数倍で押さえられるので,誤差項をこのように書いてよい. 3変数の場合も同様.

章末問題の解答

第 1 章

解答 1.1 点 O を原点とし, 点 A, B の位置ベクトルを $\pm \boldsymbol{a}$, 点 P の位置ベクトルを $\boldsymbol{p}$ とおくと, $(\boldsymbol{p}-\boldsymbol{a})\cdot(\boldsymbol{p}+\boldsymbol{a}) = |\boldsymbol{p}|^2 - |\boldsymbol{a}|^2 = 0$ である.

解答 1.2 (1), (3), (4) は 1 次独立, (2), (5) は 1 次従属.

解答 1.3 $\boldsymbol{a}$ と $\boldsymbol{b}$ のなす角を θ とおき, $|\boldsymbol{a}\times\boldsymbol{b}| = |\boldsymbol{a}||\boldsymbol{b}||\sin\theta|$, $\boldsymbol{a}\cdot\boldsymbol{b} = |\boldsymbol{a}||\boldsymbol{b}||\cos\theta|$ を利用する.

解答 1.4 四面体は $\boldsymbol{b}$ と $\boldsymbol{c}$ のつくる三角形を底面とする三角錐であり, $\boldsymbol{a}, \boldsymbol{b}, \boldsymbol{c}$ のつくる平行六面体と比較して, 底面積が半分で高さが共通と見ることができる.

解答 1.5 (1) 3, (2) 7, (3) $\sqrt{6}$, (4) $\sqrt{74}$.

解答 1.6 (1) 2, (2) $\dfrac{11}{3}$.

解答 1.7 (1) 同一平面上にある, (2) 同一平面上にない.

解答 1.8 (1) $\boldsymbol{n} = \dfrac{\boldsymbol{v}_1 \times \boldsymbol{v}_2}{|\boldsymbol{v}_1 \times \boldsymbol{v}_2|}$, (2) $\boldsymbol{n}\cdot(\boldsymbol{r}-\boldsymbol{r}_i) = 0$,
(3) (2) で求めた 2 平面間の距離が d であるので, $d = \dfrac{|(\boldsymbol{r}_1-\boldsymbol{r}_2)\cdot(\boldsymbol{v}_1\times\boldsymbol{v}_2)|}{|\boldsymbol{v}_1\times\boldsymbol{v}_2|}$.

解答 1.9 $\boldsymbol{a}_{\mathrm{in}} = \boldsymbol{r}_{\mathrm{in}} - \boldsymbol{r}_0$, $\boldsymbol{a}_1 = \boldsymbol{r}_1 - \boldsymbol{r}_0$, $\boldsymbol{a}_2 = \boldsymbol{r}_2 - \boldsymbol{r}_0$ とおくと,
$$\boldsymbol{a}_{\mathrm{in}} = \boldsymbol{a}_1 + \lambda\left(\frac{-\boldsymbol{a}_1}{\ell_2} + \frac{\boldsymbol{a}_2 - \boldsymbol{a}_1}{\ell_0}\right),$$
$$\boldsymbol{a}_{\mathrm{in}} = \boldsymbol{a}_2 + \mu\left(\frac{-\boldsymbol{a}_2}{\ell_1} + \frac{\boldsymbol{a}_1 - \boldsymbol{a}_2}{\ell_0}\right)$$
と書ける. $\{\boldsymbol{a}_1, \boldsymbol{a}_2\}$ が 1 次独立であることを使って λ, μ を求める.

第 2 章

解答 2.1 (1) 放物線 $y = x^2$, (2) 原点を中心とし, 半径が $\sqrt{n\pi + 1}$ $(n \geq 0)$ の同心円すべて.

解答 2.2 解答図 2.2 参照.

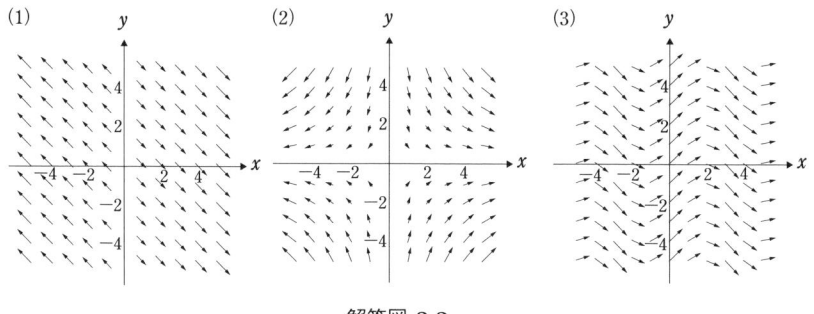

解答図 **2.2**

解答 2.3 解答図 2.3 参照.

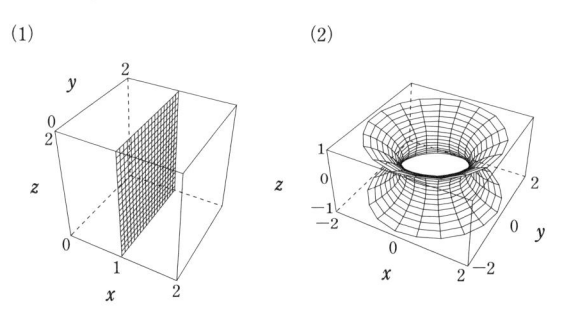

解答図 **2.3**

解答 2.4 $\dfrac{\partial^2}{\partial r^2} + \dfrac{1}{r}\dfrac{\partial}{\partial r} + \dfrac{1}{r^2}\dfrac{\partial^2}{\partial \theta^2}$.

解答 2.5 (1) $\boldsymbol{a}''(t) \times \boldsymbol{b}(t) + 2\boldsymbol{a}'(t) \times \boldsymbol{b}'(t) + \boldsymbol{a}(t) \times \boldsymbol{b}''(t)$,

(2) $p'(t)^2 \boldsymbol{a}''(p(t)) + p''(t)\boldsymbol{a}'(p(t))$.

解答 2.6 $\boldsymbol{r}(t) = \dfrac{t^2}{2m}\boldsymbol{f} + \boldsymbol{a}t + \boldsymbol{b}$（$\boldsymbol{a}, \boldsymbol{b}$ は任意の定ベクトル）．

解答 2.7

	$\boldsymbol{e}_r$	$\boldsymbol{e}_\theta$	$\boldsymbol{e}_\varphi$
$\dfrac{\partial}{\partial r}$	$\boldsymbol{0}$	$\boldsymbol{0}$	$\boldsymbol{0}$
$\dfrac{\partial}{\partial \theta}$	$\boldsymbol{e}_\theta$	$-\boldsymbol{e}_r$	$\boldsymbol{0}$
$\dfrac{\partial}{\partial \varphi}$	$\sin\theta\,\boldsymbol{e}_\varphi$	$\cos\theta\,\boldsymbol{e}_\varphi$	$-\sin\theta\,\boldsymbol{e}_r - \cos\theta\,\boldsymbol{e}_\theta$

解答 2.8 (1) 解答図 2.8 参照，(2) $r = e^{\theta + 2n\pi}$，(3) $y = -(2+\sqrt{3})x + (1+\sqrt{3})e^{\frac{\pi}{3}}$．
単位接線ベクトル $= -\dfrac{\sqrt{6}-\sqrt{2}}{4}\boldsymbol{e}_x + \dfrac{\sqrt{6}+\sqrt{2}}{4}\boldsymbol{e}_y = \dfrac{\sqrt{2}}{2}\boldsymbol{e}_r + \dfrac{\sqrt{2}}{2}\boldsymbol{e}_\theta$．

解答図 2.8

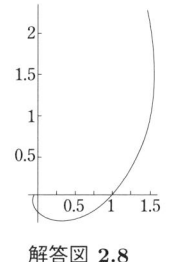

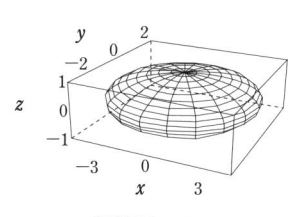

解答図 2.9

解答 2.9 (1) 解答図 2.9 参照，(2) 表し方は 1 通りではないが，例えば $a(3, 2, -\sqrt{6}) + b(-3, 2, 0)$，(3) $(2, 3, 2\sqrt{6})$（の定数倍）．

第 3 章

解答 3.1 (1) $\dfrac{8}{3}$， (2) $\dfrac{1}{\log 2}$．

解答 3.2 例えば (1) $(t, 2t+1, -t)$， (2) $(2\cos\theta, \sin\theta)$ $(0 \leq \theta < 2\pi)$，
(3) $(t^2, t, \sin(t+t^2))$．

解答 **3.3** (1) 6, (2) 8, (3) 8.

解答 **3.4** (1) $\sqrt{2}(e^{2\pi} - 1)$, (2) $-e^{2\pi} + 1$.

解答 **3.5** (1) $\frac{1}{3}((1 + 4\pi^2)^{\frac{3}{2}} - 1)$, (2) $\frac{3}{2}\pi$.

解答 **3.6** (1) $-\frac{\pi}{2}$, (2) 0.

解答 **3.7** (1) $\frac{1}{\sqrt{e+2}}(1, 1, \sqrt{e})$, (2) $e - \frac{4}{3}$.

解答 **3.8** $\int_C x\,dx + z\,dy + dz = \int_0^1 x\,dx + \int_0^{\frac{3}{2}} 2y\,dy + \int_0^3 dz = \frac{23}{4}$.

解答 **3.9** $mg\left(1 - \frac{1}{e}\right)$.

第 4 章

解答 **4.1** (1) $\frac{1}{3}$, (2) 1, (3) $e + \frac{1}{e} - 2$, (4) $\frac{1}{8}$, (5) $\frac{1}{6}$.

解答 **4.2** (1) $\frac{2m+1}{M^2 N}\pi$, (2) $\sum_{n=0}^{N-1} \sum_{m=0}^{M-1} \frac{m^2(2m+1)}{M^4 N}\pi = \frac{(M-1)(3M^2 - M - 1)}{6M^3}\pi$, (3) $\frac{\pi}{2}$, (4) $\int_0^{2\pi} \int_0^1 r^3 dr d\theta = \frac{\pi}{2}$.

解答 **4.3** (1) 0, (2) $\frac{1}{144}$, (3) $e + \frac{1}{e} - 2$.

解答 **4.4** (1) 0, (2) 0, (3) $\frac{\pi}{4}$, (4) 2.

解答 **4.5** (1) 2π, (2) 18π, (3) $\frac{\pi}{6}(5\sqrt{5} - 1)$.

解答 **4.6** (1) 3, (2) $\frac{1}{15}(9\sqrt{3} - 8\sqrt{2} + 1)$, (3) $\frac{3\sqrt{2}}{4}\pi$.

解答 4.7 (1) 解答図 4.7 参照, (2) $\int_S dS = \int_0^{2\pi}\int_0^1 \sqrt{2}s\, ds = \sqrt{2}\pi$,
(3) $\left(-\dfrac{\cos t}{\sqrt{2}}, -\dfrac{\sin t}{\sqrt{2}}, \dfrac{1}{\sqrt{2}}\right)$, (4) $\int_0^{2\pi}\int_0^1(-s\cos t - t\sin t)s\,dsdt = \pi$.

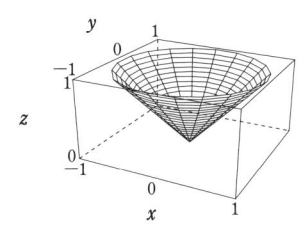

解答図 **4.7**

解答 4.8 $\int_S \boldsymbol{V}\cdot\boldsymbol{n}\,dS = \int_0^{2\pi}\int_0^\pi \sin^3\theta\cos^2\varphi\,d\theta d\varphi = \dfrac{4}{3}\pi$.

解答 4.9 (1) 1, (2) 略, (3) 略.

第 5 章

解答 5.1 たとえば (1) (u,v,w) $\left(-\dfrac{1}{2}\le u\le\dfrac{1}{2}, -\dfrac{1}{2}\le v\le\dfrac{1}{2}, -\dfrac{1}{2}\le w\le\dfrac{1}{2}\right)$.
(2) $(u, v\cos\theta, v\sin\theta)$ $(-\infty < u < \infty, 0\le v\le 1, 0\le\theta<2\pi)$.
(3) $(r\sin\theta\cos\varphi, 2r\sin\theta\sin\varphi, 3r\cos\theta)$ $(0\le r\le 1, 0\le\theta\le\pi, 0\le\varphi<2\pi)$.

解答 5.2 (1) 1, (2) $-2v^2$, (3) $(\sin u - 1)e^w$.

解答 5.3 (1) $\dfrac{\pi}{6}$, (2) 8π, (3) 6.

解答 5.4 (1) $\dfrac{1}{12}$, (2) $\dfrac{4}{15}\pi$, (3) $\dfrac{8}{5}\pi$, (4) $\dfrac{2}{3}\pi$.

解答 5.5 (1) u, (2) $\int_0^2\int_0^{2\pi}\int_0^1 u\,dudvdw = 2\pi$,
(3) $\int_0^2\int_0^{2\pi}\int_0^1 (u^2\cos v + uw + uw^2)dudvdw = \dfrac{14}{3}\pi$.

第 6 章

解答 6.1 (1) $\nabla f = (\cos x, -\sin y)$,　(2) $\nabla f = (mx^{m-1}y^n, nx^m y^{n-1})$,
(3) $\nabla f = (y^2 \cosh x, 2y \sinh x)$.

解答 6.2 (1) $\nabla f = (1 - y\sin x, \cos x)$, $\boldsymbol{u} \cdot \nabla f(0,0) = 1$,
(2) $\nabla f = \left(-\dfrac{y}{x^2}\sec^2\dfrac{y}{x}, \dfrac{1}{x}\sec^2\dfrac{y}{x}\right)$, $\boldsymbol{u} \cdot \nabla f(1,0) = -\dfrac{1}{\sqrt{2}}$,
(3) $\nabla f = (e^{x-y}, -e^{x-y})$, $\boldsymbol{u} \cdot \nabla f(1,1) = \dfrac{1-\sqrt{3}}{2}$.

解答 6.3 (1) $\nabla \cdot \boldsymbol{V} = 0$,　(2) $\nabla \cdot \boldsymbol{V} = \dfrac{1}{r}$,　(3) $\nabla \cdot \boldsymbol{V} = 0$.

解答 6.4 $f(r) = \dfrac{c}{r^2}$　(c : 任意定数).

解答 6.5 (1) $[\nabla\ \boldsymbol{V}] = y - x$,　(2) $[\nabla\ \boldsymbol{V}] = 0$,　(3) $[\nabla\ \boldsymbol{V}] = (x-y)e^{x+y}$.

解答 6.6 $f(r) = \dfrac{1}{2} + \dfrac{c}{r^2}$　(c : 任意定数).

解答 6.7 (1) $\nabla^2 f = -\dfrac{x+y}{r^3}$,　(2) $\nabla^2 f = \dfrac{1}{r}(2 - 3\sin 2\theta)$,　(3) $\nabla^2 f = 0$.

解答 6.8 $f(r) = \dfrac{1}{9}r^3 + 1$

解答 6.9 $f(r) = r\ln r - 2r + c_0 \ln r + c_1$　(c_0, c_1 : 任意定数).

第 7 章

解答 7.1 $\nabla f(r) = f'(r)\nabla r$ と $\nabla r = \dfrac{1}{r}\boldsymbol{r}$ より示される.

解答 7.2 $\nabla \times \boldsymbol{V} = \nabla f(r) \times \boldsymbol{r} + f(r)\nabla \times \boldsymbol{r} = \dfrac{f'(r)}{r}\boldsymbol{r} \times \boldsymbol{r} = \boldsymbol{0}$.

解答 7.3 (1) $\nabla f = (2(x+y)z, 2(x+y)z, (x+y)^2)$,

(2) $\nabla f = \left(\cos y + \dfrac{e^z}{x^2}, -x\sin y, -\dfrac{e^z}{x}\right)$,

(3) $\nabla f = (\text{sech}^2 x, \sinh y \sinh z, \cosh y \cosh z)$.

解答 7.4 (1) $\nabla \cdot \boldsymbol{V} = 0$, $\nabla \times \boldsymbol{V} = (0,0,0)$,

(2) $\nabla \cdot \boldsymbol{V} = x+y+z$, $\nabla \times \boldsymbol{V} = (z,x,y)$,

(3) $\nabla \cdot \boldsymbol{V} = x+y+z$, $\nabla \times \boldsymbol{V} = (-y,-z,-x)$.

解答 7.5 $f(r) = \dfrac{1}{4}r + \dfrac{c}{r^3}$ （c：任意定数）.

解答 7.6 (1) $\nabla \times \boldsymbol{V} = (0,0,0)$,

(2) $\nabla \times \boldsymbol{V} = (x(z^2-y^2), y(x^2-z^2), z(y^2-x^2))$,

(3) $\nabla \times \boldsymbol{V} = (2(y-z), 2(z-x), 2(x-y))$.

解答 7.7 (1) $\nabla^2 f = -(\ell^2 + m^2 + n^2)f$,　(2) $\nabla^2 f = (a^2+b^2+c^2)f$,

(3) $\nabla^2 f = (2r^2 - 3)e^{-r^2}$.

解答 7.8 $f(r) = \dfrac{1}{12}r^3 + 1$.

解答 7.9 $f(r) = \dfrac{1}{2}r \ln r - \dfrac{3}{4}r + \dfrac{c_0}{r} + c_1$ （c_0, c_1：任意定数）.

第 8 章

解答 8.1 長さは 6, 面積は $\dfrac{3}{8}\pi$.

解答 8.2 (1) ガウスの定理より示される，(2) グリーンの定理より示される．

解答 8.3 (1) 0,　(2) (1) の結果と (8.8) 式より示せる．

解答 8.4 原点を除いて $\nabla \cdot \left(\dfrac{1}{r^3}\boldsymbol{r}\right) = 0$ であることと，原点を中心とした半径 ε の微小な球 D_ε に対し $\displaystyle\int_{\partial D_\varepsilon} \dfrac{1}{r^3}\boldsymbol{r} \cdot d\boldsymbol{S} = 4\pi$ であることを用いれば示すことができる．

解答 8.5 $\boldsymbol{V} = f\nabla f$ にガウスの定理を適用する．$\dfrac{\partial f}{\partial n} = \boldsymbol{n} \cdot \nabla f$ であることに注意．

解答 8.6 (1) 問題 8.5 より D 上で $\nabla f \equiv 0$ であるから f は定数．∂D 上で $f = 0$ であるから $f \equiv 0$，　(2) 定数関数．

解答 8.7 ストークスの定理と第 7 章の章末問題 7.2 より 0．

解答 8.8 $\boldsymbol{V} = f\nabla g + g\nabla f$ にストークスの定理を適用する．そして $\nabla \times \boldsymbol{V} = \boldsymbol{0}$ を示す．

解答 8.9 -2π（∂S の向き付けに注意して，ストークスの定理を用いる）．

索 引

ABC

curl 157
div 128
grad 121
rank 193
rot 157

ア 行

1次変換 189
渦度 131, 134
渦なし 144, 159
円柱座標 51
オーダー 194

カ 行

回転 135, 157
ガウスの定理（ガウスの発散定理） 171, 173, 180
基本ベクトル 17, 44
球座標 48
行列式 189
極座標 41
曲線の長さ 70
区分求積法 68, 88
グリーンの定理 175, 177
合成関数の勾配 123
勾配 118, 121, 152
誤差 194

サ 行

座標曲線 36
仕事 78
重積分 84
スカラー 12
　——3重積 32
　——積 15
　——場 37, 47
ストークスの定理 181, 183
正の向き 177
接線ベクトル 60, 61
線積分 74, 140
線素 73

タ 行

体積分 113
体積要素 108
単位接線ベクトル 60, 62
単位ベクトル 17
単位法線ベクトル 18, 64
柱体 21
調和関数 139, 162
直交曲線座標 43
直交座標 41
テイラー展開 71, 97, 111, 127, 195
等位線 37
等位面 47
等高線 37

ナ 行

内積　15
ナブラ　121

ハ 行

発散　124, 128, 154
微積分の基本公式　170
左手系　30
符号付き体積　22, 29
符号付き面積　28
ベクトル　12
　　——積　23
　　——値関数　55
　　——場　39, 48
方向微分係数　120, 152
法線ベクトル　63, 64
保存場　143, 144, 163
保存力　143
ポテンシャル　143, 163

マ 行

右手系　30

メ

メビウスの帯　184
面積速度　58
面積分　90
面積ベクトル　20
面積要素　91
　　——ベクトル　100

ヤ 行

ヤコビアン　112
ヤコビ行列式　112
有向平面　18

ラ・ワ 行

ラプラシアン　129, 131, 155
ラプラス方程式　139
力学的エネルギー　144
零ベクトル　14
湧き出し　128

著者について

小林 亮(こばやし・りょう)

略歴:1956 年,生まれ.1982 年,京都大学大学院工学研究科数理工学専攻博士課程中退.現在,広島大学名誉教授.博士(数理科学).
主要著書:『生物の形づくりの数理と物理』(共立出版,2000 年,共著).

高橋大輔(たかはし・だいすけ)

略歴:1961 年,生まれ.1986 年,東京大学大学院工学系研究科物理工学専門課程博士課程中退.現在,早稲田大学基幹理工学部応用数理学科教授.工学博士.
主要著書:『数値計算』(岩波書店,1996 年),『線形代数:理工基礎』(サイエンス社,2000 年),『差分と超離散』(共立出版,2003 年,共著).

ベクトル解析入門

2003 年 12 月 18 日　初　　版
2023 年 10 月 6 日　第 12 刷

[検印廃止]

著者　小林 亮・高橋大輔

発行所　一般財団法人　東京大学出版会

代表者　吉見俊哉

153-0041 東京都目黒区駒場 4-5-29

電話 03-6407-1069　Fax 03-6407-1991

振替 00160-6-59964

印刷所　三美印刷株式会社

製本所　牧製本印刷株式会社

Ⓒ 2003 Ryo Kobayashi and Daisuke Takahashi
ISBN978-4-13-062911-9
Printed in Japan

JCOPY 〈出版者著作権管理機構 委託出版物〉

本書の無断複写は著作権法上での例外を除き禁じられています．複写される場合は，そのつど事前に，出版者著作権管理機構（電話 03-5244-5088, FAX 03-5244-5089, e-mail: info@jcopy.or.jp）の許諾を得てください．

微積分	斎藤 毅	A5/2800 円
線型代数学	足助太郎	A5/3200 円
微分方程式入門	髙橋陽一郎	A5/2600 円
新版　複素解析	高橋礼司	A5/2600 円
数理物理入門 [改訂改題]	谷島賢二	A5/4800 円
偏微分方程式入門	金子 晃	A5/3400 円
数学の基礎	齋藤正彦	A5/2800 円
線形代数の世界	斎藤 毅	A5/2800 円
集合と位相	斎藤 毅	A5/2800 円
数値解析入門	齊藤宣一	A5/3000 円
常微分方程式	坂井秀隆	A5/3400 円
微分方程式の解法と応用	登坂宣好	A5/3200 円
応用微分方程式講義	野原 勉	A5/3200 円

ここに表示された価格は本体価格です．御購入の際には消費税が加算されますので御了承下さい．